U0162985

2019 全国建筑院系建筑学优秀教案集

教育部高等学校建筑学专业教学指导分委员会　编

中国建筑工业出版社

2019年全国高等学校建筑设计教案和教学成果评选情况概述

2019年9月27-29日，由教育部高等学校建筑学专业教学指导分委员会与郑州大学联合主办，郑州大学建筑学院承办的“2019年全国高等学校建筑设计教案和教学成果评选暨建筑类专业设计基础教学研讨会”在郑州大学召开。本次建筑设计教案和教学成果评选及教学研讨会，侧重展示与研讨各校建筑（类）专业设计基础的教学成果。根据教育部高等学校建筑学专业教学指导分委员会工作要求，该届教案评审收到60所高校教案共计104份（图纸共计772张），其中一年级教案52份（图纸370张），二年级教案50份（图纸385张），低年级（一、二年级）课程体系教案2份（图纸17张）。

建筑设计教案及教学成果评选评审组由多所高等院校知名教授及国内有影响力的设计单位建筑师共14人组成。中国工程院院士、东南大学王建国教授任组长，天津大学建筑学院院长孔宇航教授任副组长，清华大学庄惟敏教授、同济大学蔡永洁教授、华南理工大学孙一民教授、哈尔滨工业大学孙澄教授、西安建筑科技大学叶飞教授、华中科技大学李晓峰教授、东南大学鲍莉教授、郑州大学张建涛教授、中国建筑学会赵琦副理事长、中国建筑科学研究院建筑设计研究院教授级高级建筑师薛明、中南建筑设计院教授级高级建筑师李春舫、郑州大学综合设计研究院教授级高级建筑师许继清等为评审组成员。

按照“全国高等学校建筑设计教案及教学成果评选章程”，评审组在评审前充分讨论了本届评选原则和评选办法。评审组对全部参评教案和作业进行现场评议，最终投票获得8票以上的确定为获奖教案及作业。教案及教学成果评审重视设计基础教学与专业培养方案的关系，以及设计基础教学与建筑大类培养的关系；重视一年级专业认知能力和二年级设计能力教学的衔接性以及教学途径的多元化；关注设计教案和作业的关联性；关注设计教学成果的建筑师职业性、设计表达规范性和图面表达的多样化。

评审组成员经过一天严格评审，共评选出西安建筑科技大学、北京建筑大学、东南大学、哈尔滨工业大学、湖南大学、天津大学、中央美术学院、郑州大学、华南理工大学、同济大学、清华大学等26所高校的优秀设计教案35份，获奖率为33.65%。其中一年级获奖教案 11份，获奖率为21.15%；二年级获奖教案22份，获奖率为

44.00%，低年级（一、二年级）课程体系获奖教案 2 份，获奖率为 100%。获奖高校 26 所，占参评高校的 43.33%。

评审组充分肯定本届参评教案及作业水平，认为本次参评的教案及作业达到了预期目的，绝大多数学校的教案及学生作业成果能够充分反映一线教师对于设计基础教学工作的重视，也呈现出了我国建筑教育的教学理念、教学体系、教学方法的多元化探索。

教育部高等学校建筑学专业教学指导分委员会

目　录

二年级获奖教案及优秀作业

低年级课程体系

2019 全国建筑院系建筑学优秀教案集

从空间认知到场所建构——“通专结合、能力培养”的建筑设计基础平台教学体系

清华大学建筑学院

扫码点击“立即阅读”，
浏览线上图片

在设计教学中，通过设定针对性的建筑设计问题，围绕空间、形式、功能、建造、结构等建筑基础知识点，训练学生认知、研究、想象、构形、营造、表达、思辨、创新、领导等核心能力，并通过综合性的设计能力训练，将具体的建筑知识及问题与整体观、人本观、环境观等价值观串联起来。

课程希望能摆脱传统建筑设计教学重图面、轻逻辑，重形式、轻内涵，重手法、轻思想的状况，在教学中鼓励学生以具体建筑问题为导向，通过系统化、进阶性的能力训练，提升学生的创新思维以及发现、分析与解决建筑设计问题的能力。

优秀作业 1：历历奔赴 设计者：谭浩然
优秀作业 2：Delta 设计者：施鸿锚
优秀作业 3：寻陌 设计者：刘馨忆

编撰 / 主持此教案的教师姓名：王辉
参与教师姓名：
一年级：庄惟敏、张悦、徐卫国、吕舟、贾珺、宋晔皓、张杰、刘畅、郭逊、胡戎睿、刘伯英、卢向东、尹思谨、周正楠、韩孟臻、范路、陈瑾羲、罗德胤、李路珂、刘亦师、张弘、张昕、朱宁、黄鹤、唐燕、陈宇琳、孙诗萌、刘海龙、庄优波、郭涌
二年级：庄惟敏、王丽方、许懋彦、王路、王毅、单军、张利、刘念雄、吕舟、程晓青、夏晓国、邹欢、饶戎、韩孟臻、程晓喜、王辉、范路、青锋、王南、胡林、朱宁、刘海龙、孙诗萌、郭璐

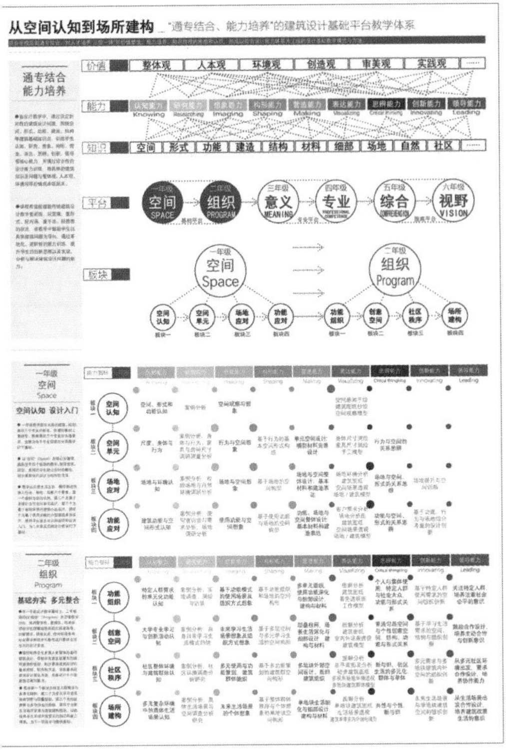
从空间认知到场所建构_"通专结合、能力培养"的建筑设计基础平台教学体系
通专结合
能力培养
价值
整体观
人本观
环境观
创造观
审美观
实践观
能力
知识
空间
形式
功能
建造
结构
材料
细部
场地
自然
社区
平台
空间
SPACE
组织
PROGRAM
意义
MEANING
专业
综合
视野
VISION
板块
一年级
空间
Space
二年级
组织
Program
一年级
空间
Space
二年级
组织
Program

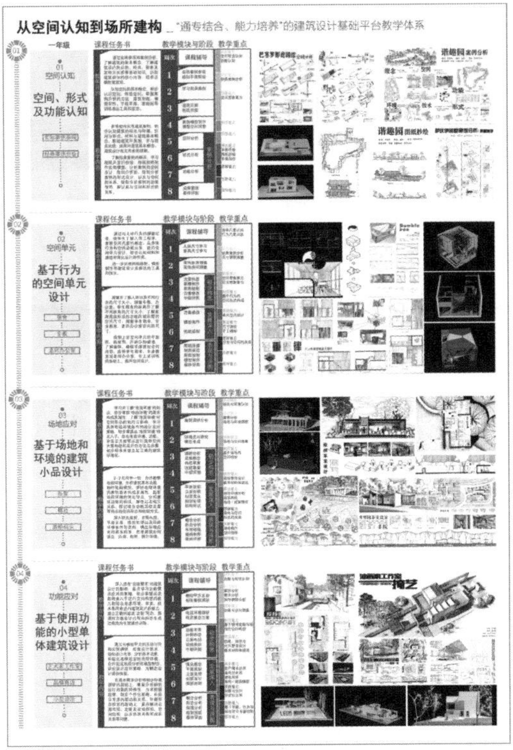
从空间认知到场所建构_"通专结合、能力培养"的建筑设计基础平台教学体系
一年级
课程任务书
教学模块与阶段
教学重点
01
空间认知
空间、形式及功能认知
02
空间单元
基于行为的空间单元设计
03
场地应对
基于场地和环境的建筑小品设计
04
功能应对
基于使用功能的小型单体建筑设计

从空间认知到场所建构_"通专结合、能力培养"的建筑设计基础平台教学体系
二年级
课程任务书
教学模块与阶段
教学重点
01
功能组织
特定人群需求与多单元组织
02
创意空间
多元学习交流场景创新与层叠组织
03
社区秩序
社区更新与多地块空间组织
04
场所建构
新生活场所营造与建筑建构组织

从空间认知到场所建构
圆明园"天然图画"景区
游廊茶室设计
1
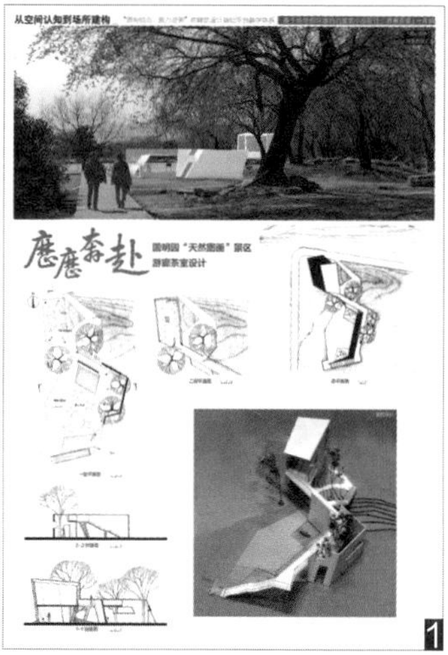
从空间认知到场所建构
圆明园"天然图画"景区
游廊茶室设计
1
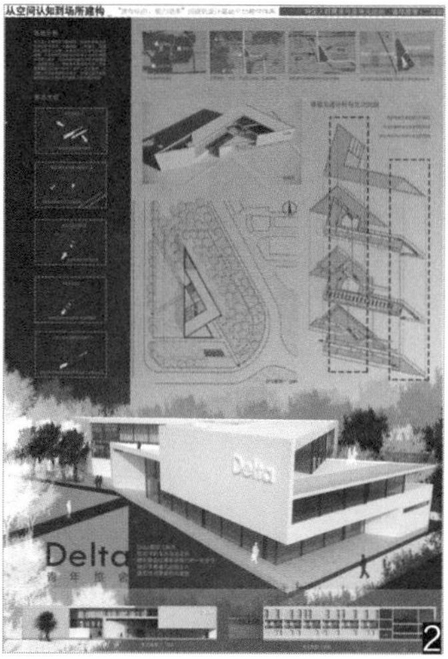
从空间认知到场所建构
Delta
2
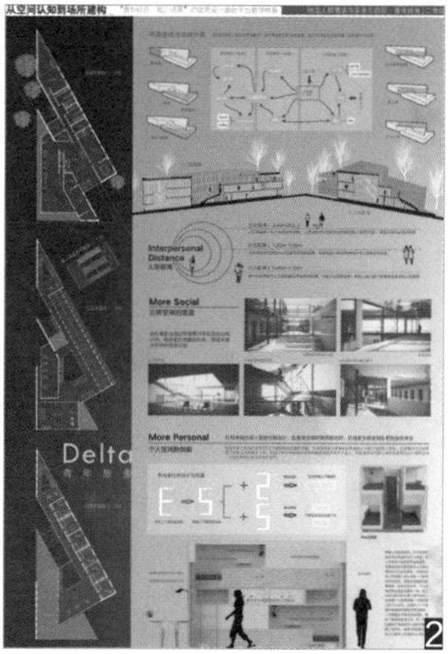
从空间认知到场所建构
Interpersonal Distance
More Social
More Personal
Delta
2
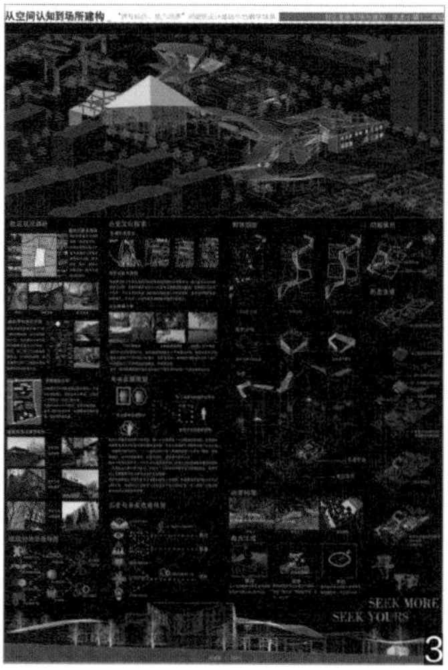
从空间认知到场所建构
SEEK MORE
SEEK YOURS
3

从空间认知到场所建构
SEEK MORE
SEEK YOURS
3

四个问题 + 四种能力——以空间生成为线索的建筑设计基础教学体系

郑州大学建筑学院

扫码点击“立即阅读”，
浏览线上图片

建筑是一种人类活动，其目的在于空间，操作的对象是实体。建筑活动涉及四个层面的问题，即所欲、所处、所凭、所能，或言之为：欲以何种空间、处在何种环境、凭借何种资源、能于何种技术，这四个问题可以作为建筑基础教育的框架。建筑活动是人与物相互作用的过程，其中需要四种基本能力：观察能力（从物到我）、思辨能力（从我到我）、表达能力（从我到物）、实践能力（从物到物）。这四种基本能力的培养是建筑教育的重点。由此构建了以四个问题为架构、以培养四种能力为重点、以空间为主线的建筑设计基础教学体系，并结合学生特点和既往的教学情况提出了四个原则和八个转变。该教学体系由八个课程组成，其主题依次为建筑空间体验、城市空间体验、空间生成、空间试验、空间与情感、空间与功能、空间与结构、空间与材料。希望通过两年的建筑基础教育培养，使学生能够热爱建筑学专业、了解建筑学科框架、具有一定的创新思维能力，为今后的成长打下良好的基础。

优秀作业 1：清饮小筑设计——廊院 设计者：魏宝华
优秀作业 2：社区活动中心设计——流动的艺术 设计者：张卓艺
优秀作业 3：材料建构——竹露疏影 设计者：邹一卉、张文俊、张博航

编撰 / 主持此教案的教师姓名：张帆
参与教师姓名：张帆、曹笛、王宝珍

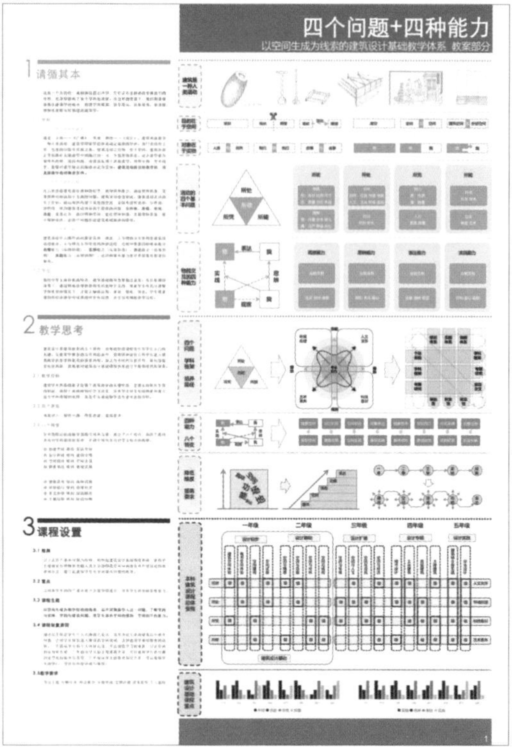
四个问题+四种能力
以空间生成为线索的建筑设计基础教学体系 教案部分
1 请循其本
2 教学思考
3 课程设置
一年级
二年级
三年级
四年级
五年级

四个问题+四种能力
以空间生成为线索的建筑设计基础教学体系 教案部分
4 课程介绍

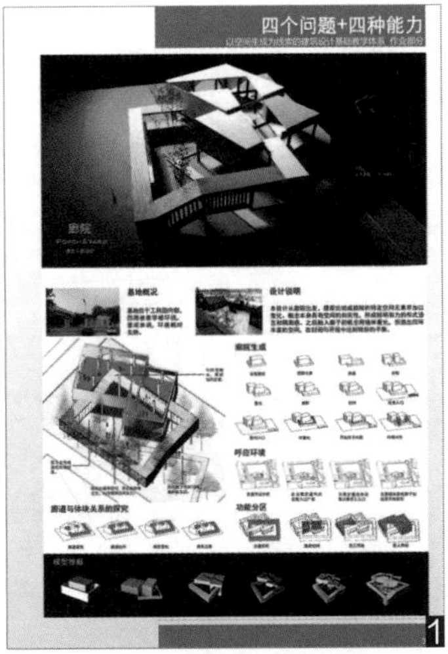
四个问题+四种能力
以空间生成为线索的建筑设计基础教学体系 作业部分
廊院
1

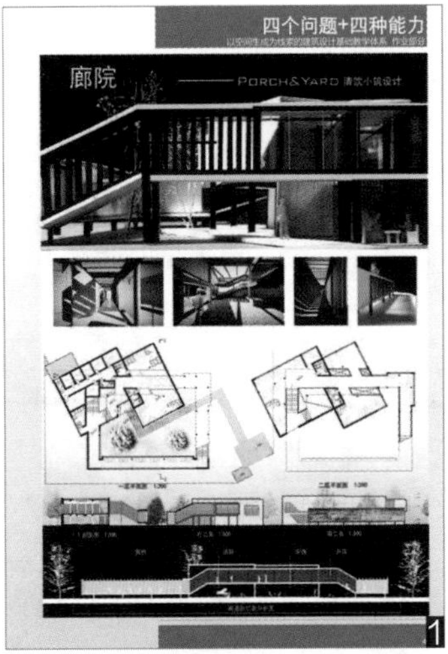
四个问题+四种能力
以空间生成为线索的建筑设计基础教学体系 作业部分
廊院
PORCH&YARD 清饮小筑设计
1

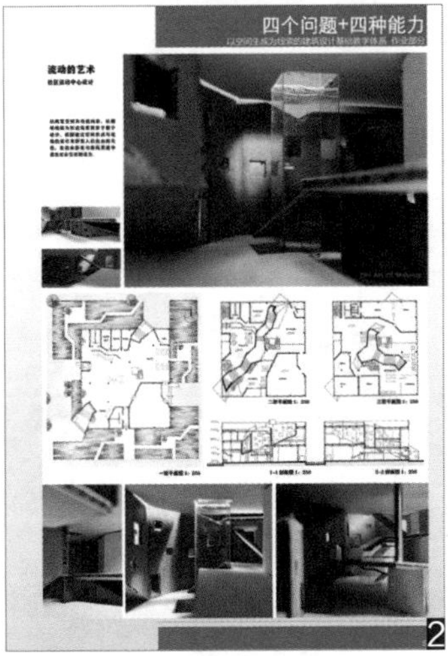
四个问题+四种能力
以空间生成为线索的建筑设计基础教学体系 作业部分
流动的艺术
2

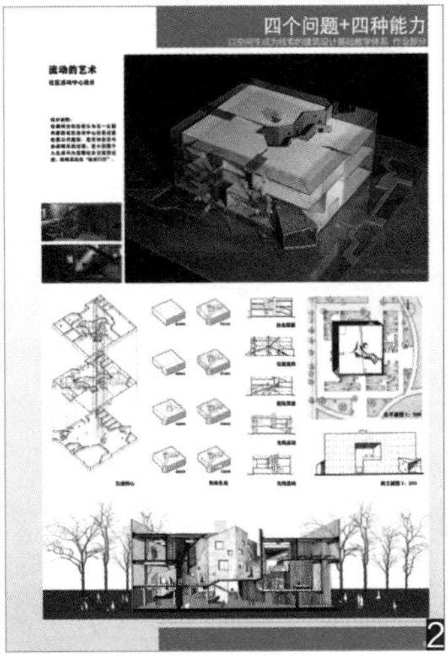
四个问题+四种能力
以空间生成为线索的建筑设计基础教学体系 作业部分
流动的艺术
2

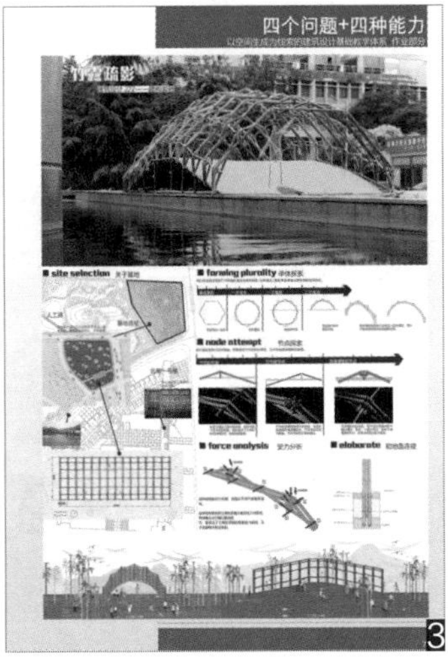
四个问题+四种能力
以空间生成为线索的建筑设计基础教学体系 作业部分
site selection
node attempt
force analysis
elaborate
3

四个问题+四种能力
以空间生成为线索的建筑设计基础教学体系 作业部分
model photographs
space analysis
summarize
space exploration
3

一年级获奖教案及优秀作业

2019 全国建筑院系建筑学优秀教案集

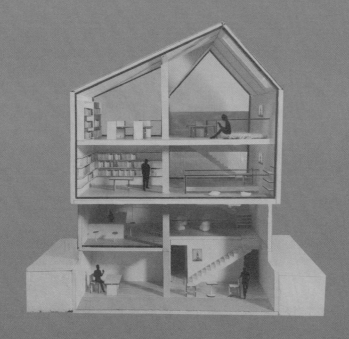

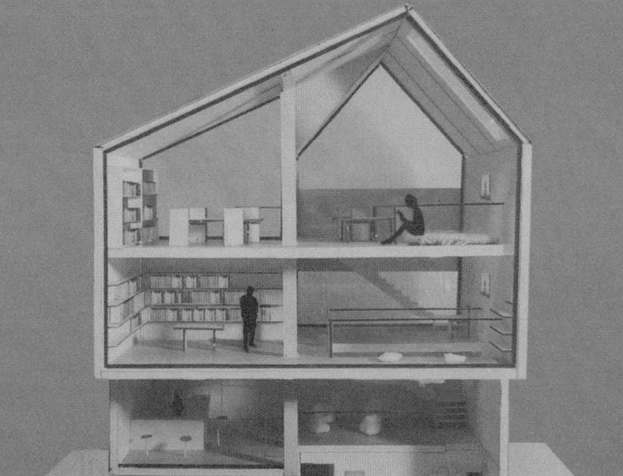

基于行为尺度的日常场所空间重构训练——生活立方空间家具设计

北京建筑大学建筑与城市规划学院

扫码点击“立即阅读”，浏览线上图片

一年级的设计初步课程贯穿两条主线，第一，培养学生的设计思维能力，即发现、分析、解决问题的能力与技巧，理解与阐释空间，“物化”空间概念的能力。第二，学习建筑识图、制图、模型制作的技术，掌握人体尺度、空间构成与形态等建筑语汇和背景知识。

设计初步课程 4 个设计课题，包括小建筑抄绘、初园、生活立方和胡同卫生间，分别对应上述主题。本次教案的“生活立方”是空间家具设计，是一年级下的课题。题目试图引导学生用专业眼光观察日常生活，以行为、动作、尺度这些专业概念解析日常，以“模度”理念重建空间。

（1）题目首先引入“模度尺”概念。说明“模度尺”理念的历史背景，并以建筑师视角，讲述设计案例，说明“模度”的应用，并以“模度人”与空间家具为题，解析海边小木屋，强调人行为与空间界面的对应关系。任务书要求生活立方空间体积的内部尺寸为 1830mm（W）×1400mm(D)×2260mm（H）。

（2）学生以本人为使用者，记录日常生活。引导学生以专业的、特定研究的眼光审视、记录习以为常的生活，并联合切身空间体验，建立一个观察、记录的专业习惯，形成连续的感知积累。题目设置中，为进一步限定空间，任务书限定，相关行为需包含动作活动范围大小不一的几类。例如，活动范围小的阅读和睡眠，活动范围大的运动等。要求学生抓取一个行为的多个典型动作，完成行为拍照、图纸记录，并记录该行为涉及空间界面的剖面位置。

（3）基于行为记录，空间界面的相对空间位置，完成空间形态构成。空间形态是建筑最终表达和表现形式。生活立方中，基于空间形态构成原理，通过多组界面的叠加（加法）或行为空间的叠合（减法），完成设计推导。

（4）设计要求采用厚度 20mm 木板建造，考验木板家具的承重理解、搭接方式、连接构件。在空间构成基础上，初步引入材料和建造观念，要求学生遵守木板承重的极限尺寸，考量搭接木板的空间形态和家具功能需求，并选取满足需求的连接构件。

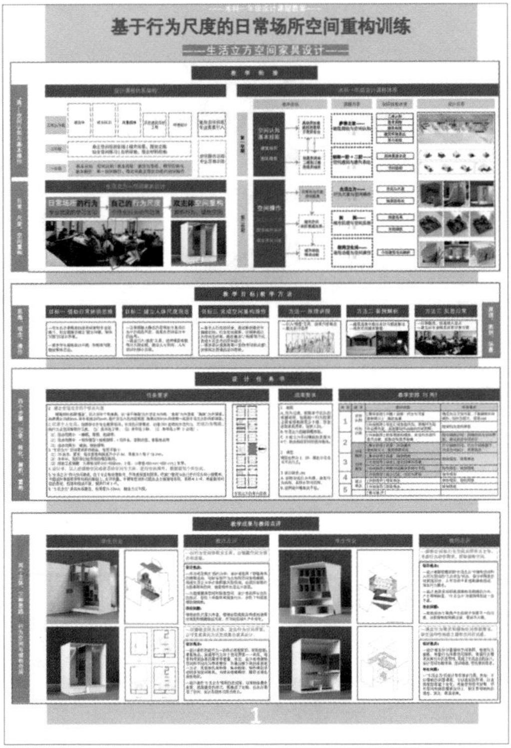

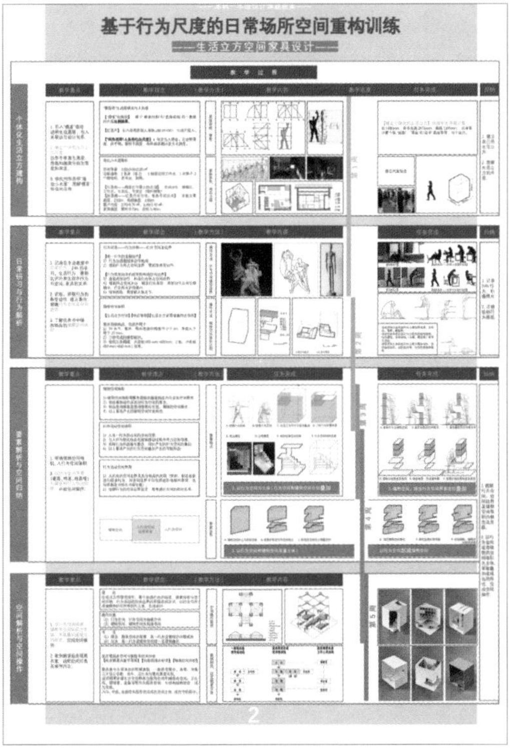

优秀作业 1：“H”生活立方——空间家具设计 设计者：汤欣然

优秀作业 2：“C”生活立方——空间家具设计 设计者：李健

优秀作业 3：“N”生活立方——空间家具设计 设计者：牛佳荟

编撰 / 主持此教案的教师姓名：刘烨

参与教师姓名：刘烨、程艳春、金秋野、周仪、孟璠磊、李路阳、许政、揭小凤

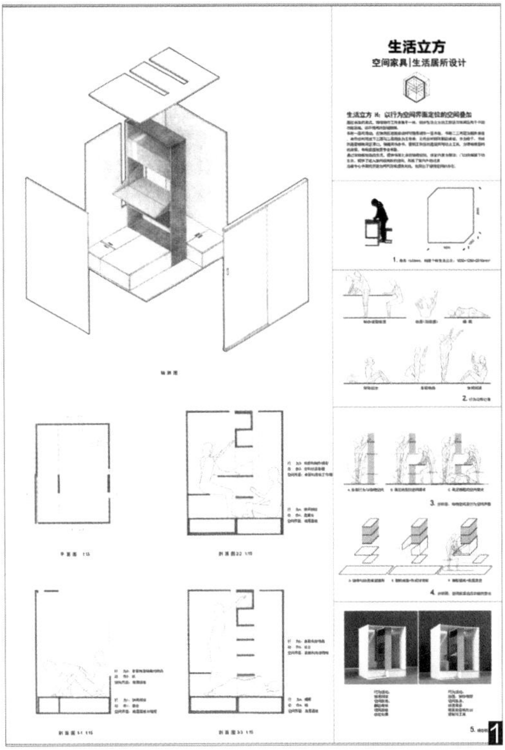
生活立方
空间家具|生活居所设计
生活立方 H：以行为空间界面定位的空间叠加
1

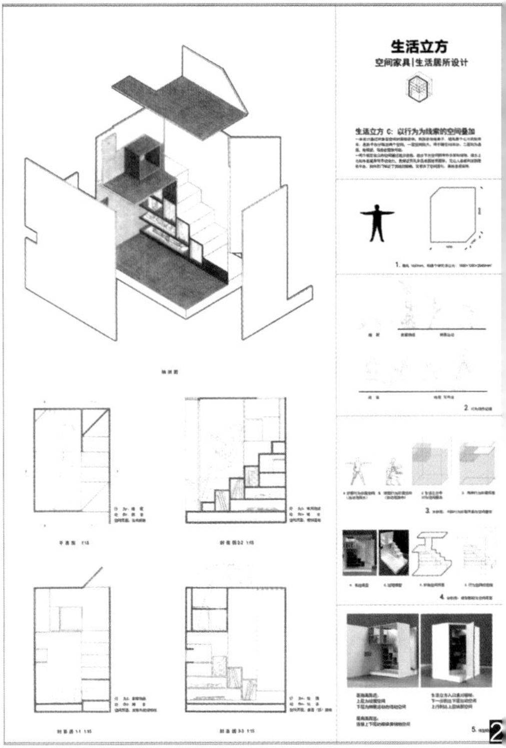
生活立方
空间家具|生活居所设计
生活立方 C：以行为为线索的空间叠加
2

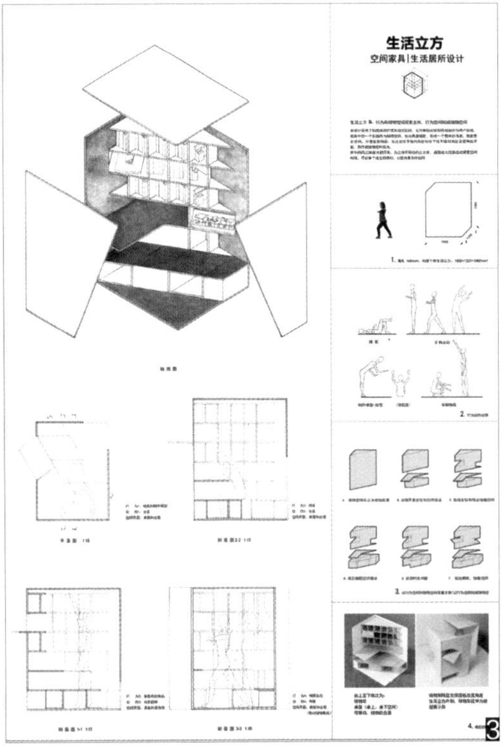
生活立方
空间家具|生活居所设计
3

空间与身体——情景带入的空间建构 -1

哈尔滨工业大学建筑学院

扫码点击"立即阅读"，
浏览线上图片

1. 教学目标：

（1）使学生初步建立对建筑和空间的基本认知；

（2）使学生基本了解空间的建构方式、空间组织和空间关系；

（3）使学生明确空间规划对建立人与人关系的推动作用；

（4）培养学生用身体感知空间的认知习惯；

（5）培养学生初步掌握空间设计表达的方法。

2. 教学方法：

设计理论课（年级大班授课 150 人）、设计研讨课（合班授课 20~30 人）、设计课（小组教学 8~10 人）与 MOOC（慕课）结合。

3. 任务书：

练习题目

（1）空间再现

在 300㎜ ×300㎜ ×300㎜的立方体内，对所选电影中的典型情景化空间进行再现。

（2）空间重构

依据典型情景化空间中的人物关系，对练习 1 所再现的空间进行重构以推动人物之间的关系发展，并关注人身体的行走、攀爬、跳越与观看等动作与空间的关系。同时通过对门、窗（洞口）和楼梯（爬梯、台阶）的解读，认知建筑空间关系。

4. 与前后题目的衔接关系：

（1）本练习属于哈尔滨工业大学建筑学院本科一年级上学期设计基础课第一个课程练习；

（2）作为一年级建筑设计基础课程的起始，本练习将情景代入与空间研究教学相结合；

（3）在整个建筑设计基础教学体系中起到启蒙的作用。

空間與身體

SPACE AND BODY

情景帶入的空間建構-1

練習題目

1. 空間再現

2. 空間重構

練習目的

練習要點

成果要求

TITLE	空間與身體 情景帶入的空間建構 1		TOTAL	2018 9/11—11/4
CUT	**PICTURE**	**ACTION**	**DIALOGUE**	**TIME**
理論課 研討課 研討課 設計課	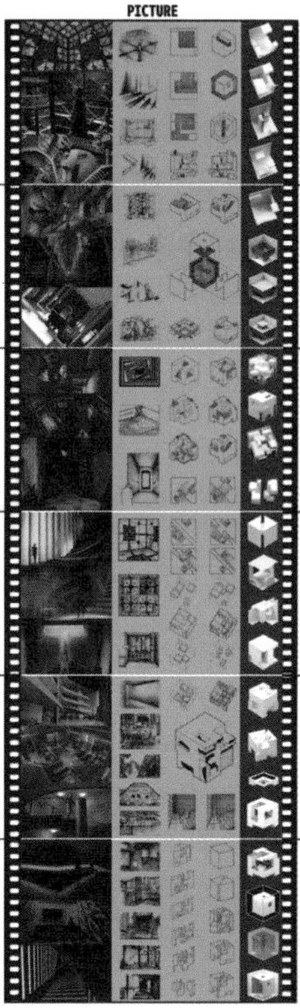	空間再現 模型（自定比例） 1.電影選擇，典型情景化空間描述； 2.案例研究； 3.基本空間關系和空間特征。	理論課 年級大班授課（150人） 講題 空間關系 空間特征 研討課 合班授課（20-30人） MOOC 知識點討論 設計課 小組教學（8-10人）	第1周
研討課 設計課 研討課 設計課		空間再現 模型（1:2） 1.抽象定義典型情景化空間； 2.案例研究； 3.空間關系與基本空間生成方式。	研討課 合班授課（20-30人） 典型情景化空間再現成果匯報 設計課 小組教學（8-10人）	第2周
理論課 研討課 研討課 設計課		空間重構 模型（自定比例） 1.人物關系描述與抽象定義； 2.案例研究； 3.基本人物關系與空間關系。	理論課 年級大班授課（150人） 講題 人體與空間 空間建構 研討課 合班授課（20-30人） MOOC 知識點討論 設計課 小組教學（8-10人）	第3周
研討課 設計課 研討課 設計課		空間重構 模型（1:2） 1.描述設計中的人物關系，並總結所需空間特征； 2.案例研究； 3.體塊和板片兩種基本空間建構方式與空間特征的關系。	研討課 合班授課（20-30人） 人物關系與空間特征研究成果匯報 設計課 小組教學（8-10人）	第4周
研討課 設計課 研討課 設計課		空間重構 模型（1:2）剖透圖（1:5） 1.空間輔助建立人物關系； 2.案例研究； 3.人身體的行走、攀爬、跳躍與躲藏等動作與空間的關系； 4.門、窗（洞口）和樓梯（爬梯、臺階）對空間關系建立的意義。	研討課 合班授課（20-30人） 人物關系與空間重構設計過程匯報 設計課 小組教學（8-10人）	第5周
研討課 設計課 設計課 設計課		空間重構 模型（1:1）平面圖（1:5） 軸測圖 分析圖 1.平面和剖面解讀空間尺度，以及相應人的行為方式； 2.空間與視線、邊界與領域； 3.建構方式與設計意圖； 4.文字描述與設計的聯繫。	研討課 合班授課（20-30人） 人物關系與空間重構設計成果匯報 設計課 小組教學（8-10人）	第6周

作業點評

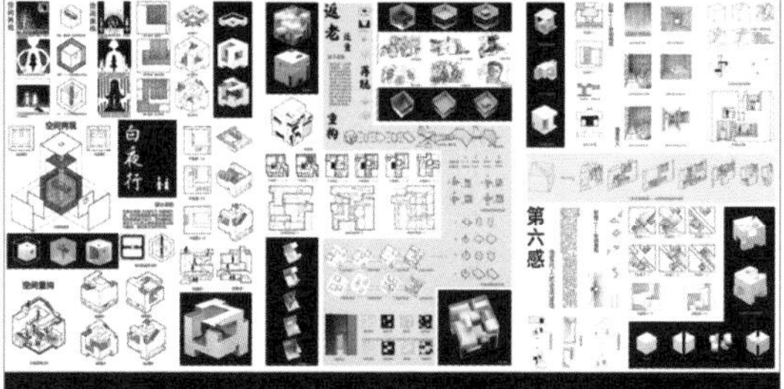

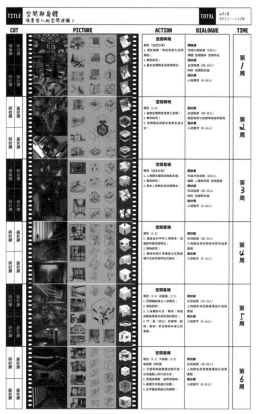

「白夜行」+ 情景帶入的空間建構　　「返老還童」+ 情景帶入的空間建構　　「第六感」+ 情景帶入的空間建構

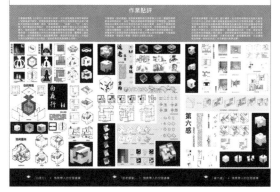

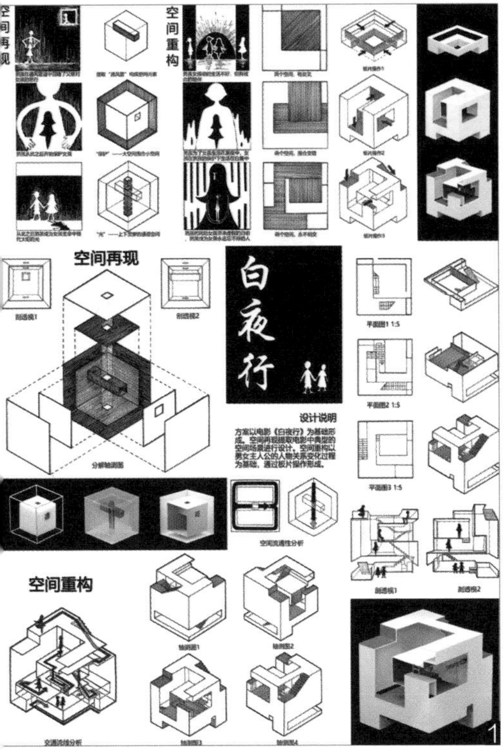

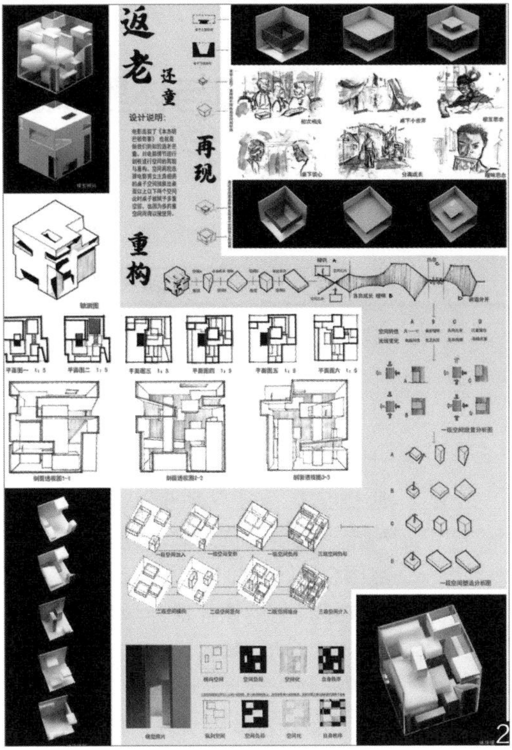

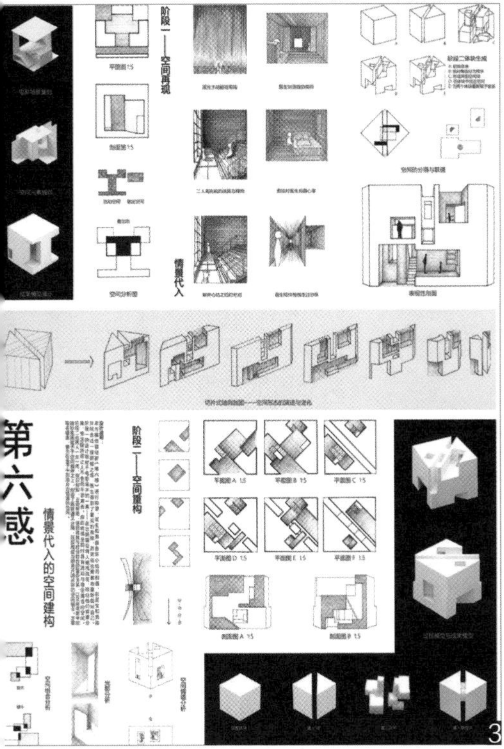

优秀作业 1：白夜行——情景带入的空间建构 设计者：王悦然、刘浩成

优秀作业 2：返老还童——情景带入的空间建构 设计者：王继先、周宇恒

优秀作业 3：第六感——情景带入的空间建构 设计者：朱聪哲、吕釜嘉

编撰 / 主持此教案的教师姓名：于戈、郭海博

参与教师姓名：邵郁、薛名辉、叶洋、张宇、殷青、董健菲、刘蕾

空间认知与体验设计训练（设计初步 2，设计初步 3）

中央美术学院建筑学院

扫码点击“立即阅读”，浏览线上图片

一年级“设计初步空间认知与体验设计训练”课程由一年级上学期 10 周“设计初步 2”和下学期 6 周“设计初步 3”构成。教学定位为启蒙的设计，教学重点围绕空间认知与体验设计展开。2 个前后衔接紧密的课程培养学生具有扎实的专业基本功、基本设计能力和一定建筑审美能力。

“设计初步 2”课程前置课程——“设计初步 1”为空间模型训练，在此基础上“设计初步 2”定位为空间认知与表现。首先“认知”是建筑设计专业需要学习的第一步，需学会观察、体验空间及思考，课程从感性地认知人为空间环境，到对建筑基本问题进行理性的分析而逐步展开；第二步建立表现意识，建筑师通过图纸与模型呈现作品，在掌握建筑制图的基本原理、技巧和方法的同时，抄绘大师作品与研习建筑空间平行进行；第三步为空间再造设计，研究基地从测绘建筑和街区环境分析开始，进而对所测绘空间进行改造设计，研究人的行为、人体尺度。空间组织，空间形式需借鉴抄绘的大师作品，进行空间改造设计。

“设计初步 3”课程定位于让同学们在掌握建筑制图的方法与技巧之后，开始学会运用建筑的形式空间语言构筑形体，以满足功能、环境、结构以及个性表现之要求。最终的成果落实到建筑图纸和建筑模型上，这不仅需要同学们采用规范的建筑制图语言来表达功能格局，而且要将个人的空间想象灵活地通过图画，甚至是比例恰当的模型来表现。课程共六周时间，分三个阶段：第一阶段为 1 周，需要理解任务书，进行功能分析，前往基地调研，制作基地模型，进行体量研究；第二阶段为期 2 周，深化建筑设计，接着进行中期评图。这一阶段需要绘制建筑平面图、剖面图，细化室内家具布置，并营造建筑内部以及周边环境氛围；第三阶段共有 3 周的时间，同学们进行方案修改，完成方案，并落实到图纸与模型上。最终进行集体评图，展出作品并且互相学习。

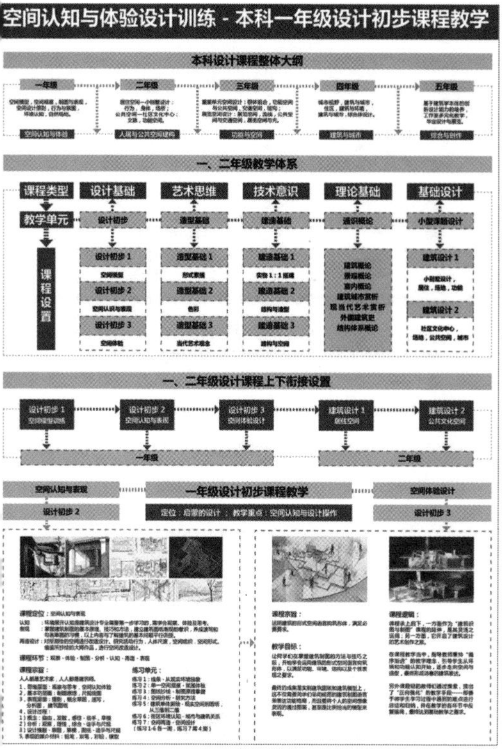

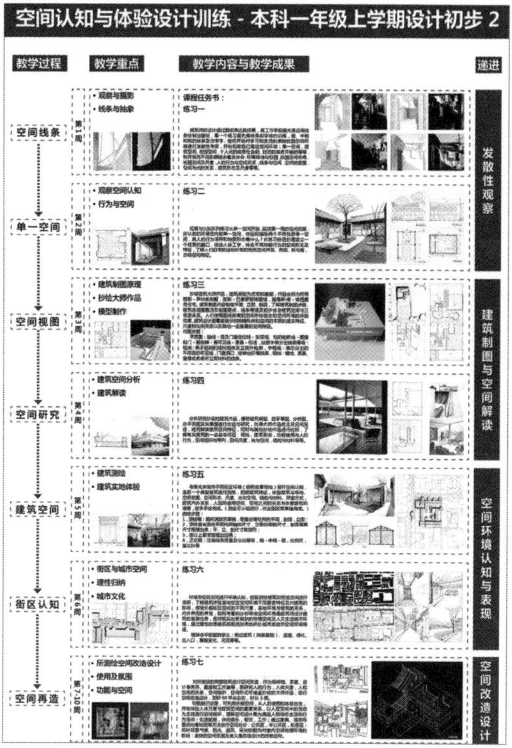

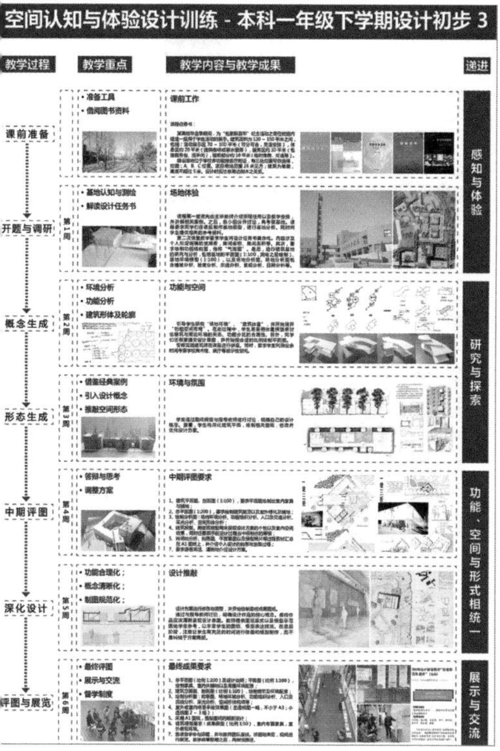

优秀作业 1：设计初步 2——空间认知与表现 设计者：刘煜潇

优秀作业 2：设计初步 3——空间体验设计 / 包豪斯 100 年展亭 设计者：李印

优秀作业 3：设计初步 3——空间体验设计 / 包豪斯 100 年展亭 设计者：胡雯馨

编撰 / 主持此教案的教师姓名：王小红

参与教师姓名：王小红、刘文豹、吴晓敏、虞大鹏、吴若虎、侯晓蕾、刘斯雍、范尔蒴、曹量

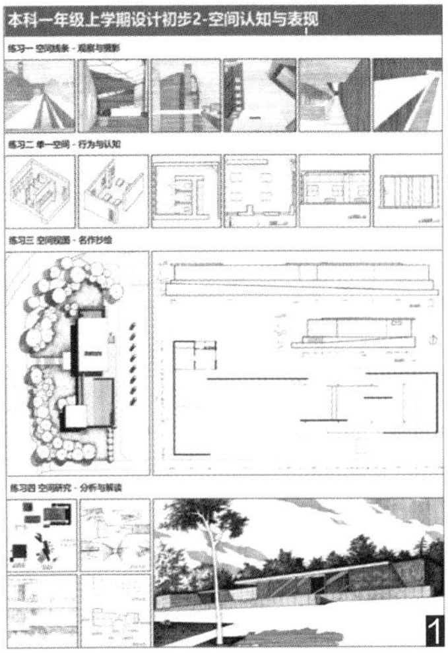
本科一年级上学期设计初步2-空间认知与表现
练习一 空间线条 - 观察与摄影
练习二 单一空间 - 行为与认知
练习三 空间视图 - 名作抄绘
练习四 空间研究 - 分析与解读
1

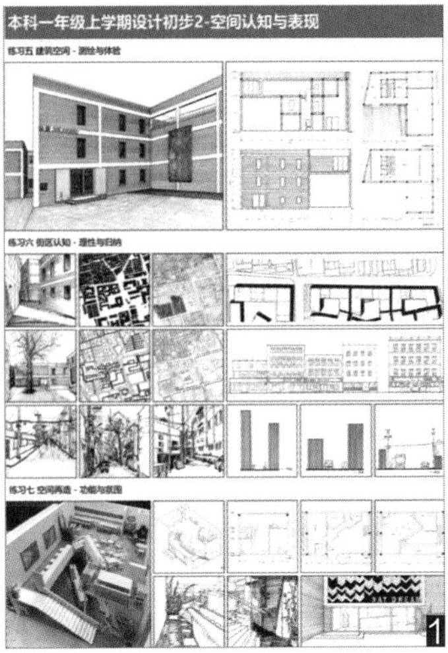
本科一年级上学期设计初步2-空间认知与表现
练习五 建筑空间 - 测绘与体验
练习六 街区认知 - 理性与归纳
1

本科一年级下学期设计初步3-空间体验设计 / 包豪斯100年展亭
2

本科一年级下学期设计初步3-空间体验设计 / 包豪斯100年展亭
2

本科一年级下学期设计初步3-空间体验设计 / 包豪斯100年展亭
3

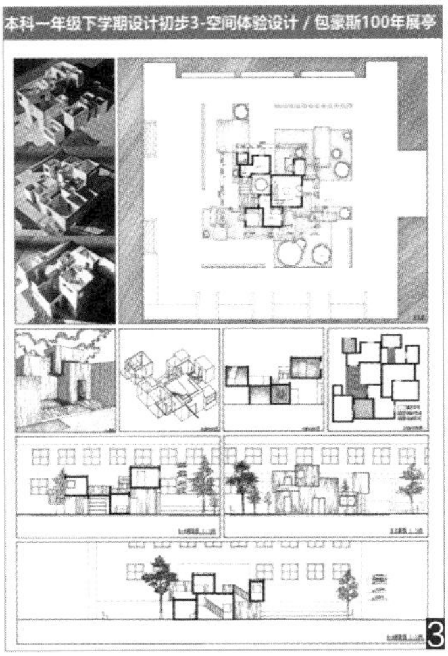
本科一年级下学期设计初步3-空间体验设计 / 包豪斯100年展亭
3

寝室＋大学生居住单元设计

湖南大学建筑学院

扫码点击"立即阅读"，
浏览线上图片

以目前自己所居住的寝室 7.2m（长）x4.2m（宽）x3.3m（高）为一个基本的寝室单元，扩大到用 2~3 个寝室单元的体积来设计一个同时居住 4 个同学，满足就寝、卫浴、学习、收纳、交流、冥想、园艺等功能的，舒适、新颖的寝室居所。

优秀作业 1：寝室＋大学生居住单元设计——庭院深深 设计者：刘昕宇
优秀作业 2：寝室＋大学生居住单元设计——牧羊人 设计者：张越淇
优秀作业 3：寝室＋大学生居住单元设计——45 度宅 设计者：和译

编撰 / 主持此教案的教师姓名：章为
参与教师姓名：钟力力、邹敏、齐靖、胡骉、陈娜

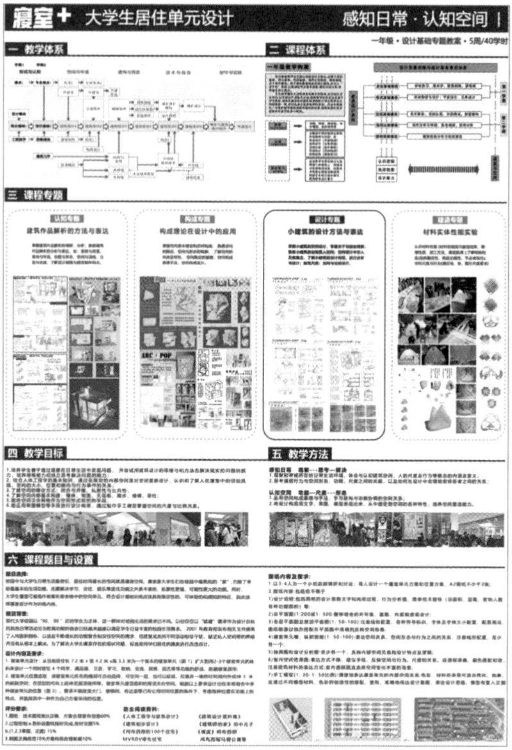
寝室+ 大学生居住单元设计
感知日常·认知空间 I
一年级·设计基础专题教案·5周/40学时
一 教学体系
二 课程体系
三 课程专题
认知专题
建筑作品解析的方法与表达
构成专题
构成理论在设计中的应用
设计专题
小建筑的设计方法与表达
建造专题
材料实体性能实验
四 教学目标
五 教学方法
六 课程题目与设置

寝室+ 大学生居住单元设计
感知日常·认知空间 II
一年级·设计基础专题教案·5周/40学时
七 教学过程
教学进度
八 作业成果
Toward the Light
流光
九 教学总结
单元组合
类型
竖直两单元组合
水平两单元组合
三单元"L"组合
竖直三单元组合
作业示例

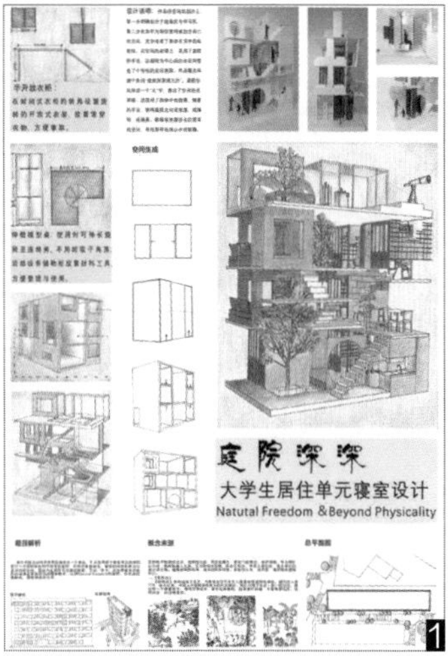

庭院深深
大学生居住单元寝室设计
Natutal Freedom &Beyond Physicality
1

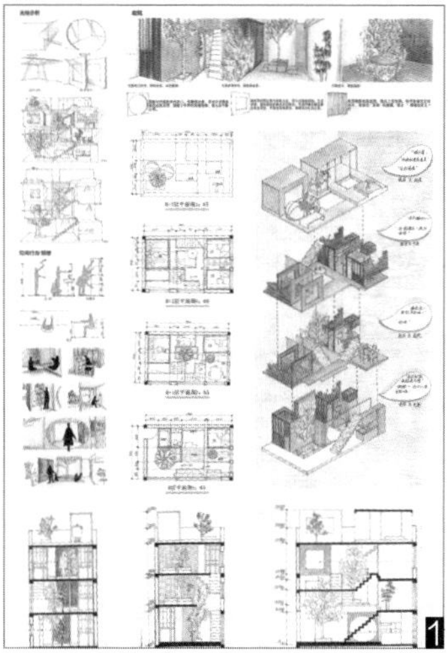

1

>行为·空间 BEHAVIOR·SPACE
>室内 INSIDE
>就寝空间 BEDROOM
>会客空间LIVINGROOM
>流线 STREAMUNE
THE SHEPHERD | DOMITORY DESIGN
"牧羊人" | PAGE2 大学生居住单元寝室设计
>概念 CONCEPT
>分区 PARTITION
2

>案例分析 CASE
THE SHEPHERD | DOMITORY DESIGN
"牧羊人" | PAGE1 大学生居住单元寝室设计
>尺度 MEASURE
>设计说明 INSTRUCTION
>场地分析 SITE
>平面布局 PIAN
2

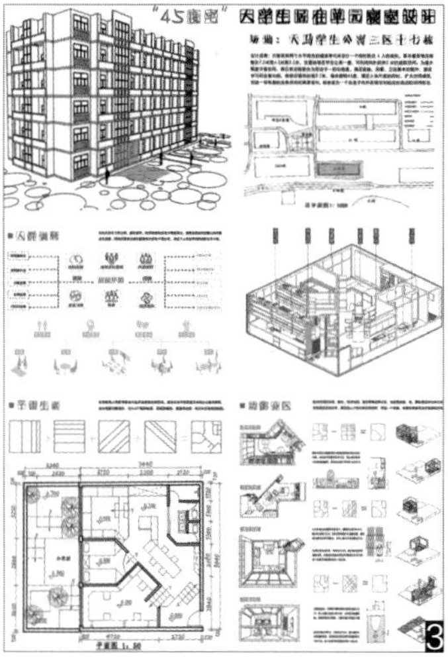

"45寝密" 大学生居住单元寝室设计
场地：天马学生公寓三区十七栋
3

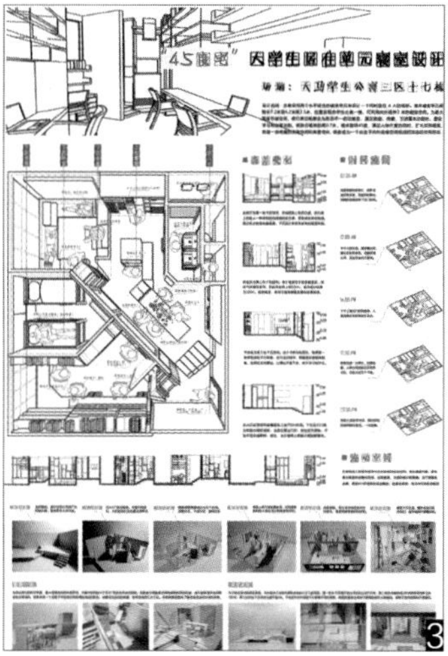

"45寝密" 大学生居住单元寝室设计
场地：天马学生公寓三区十七栋
3

以“建筑功能与空间设计”为核心 / 以“建筑学专业认知规律”为核心 / 以“绿色建筑理念”为核心的基础训练

西安建筑科技大学建筑学院

扫码点击“立即阅读”，浏览线上图片

基于我院建筑系多线融合的教学理念，课程设置上梳理出了三条主线。在一年级阶段，这三条主线各有侧重，让学生从不同的角度探索认知建筑的方法。

1. 以建筑功能和空间设计为核心的基础教学课程主线

以建筑学“建筑功能与空间设计”为核心的设计基础课程属于建筑学五年本科教学中专业启蒙阶段，是一门实践性很强的重要专业基础课，旨在引导刚进入本专业学习的一年级新生掌握建筑学基本知识及技能，为高年级的建筑设计学习打好坚实基础。设计基础课程“从空间出发”，通过“寻找—认知”“尺度—感受”“抽象—具象”等三个环节，在启发学生创造性思维及训练其审美能力的同时，培养学生对空间的基本认知，熟悉人体的基本尺度，掌握空间构成的要素、原理及方法，最终在 4m × 6m × 9m 的边界内创造符合人体尺度的具象空间。

2. 以建筑学认知规律为核心的基础教学课程主线

以建筑学认知规律，以启智教育为核心，相信自在具足，确立生活与想象、空间与形态、材料与建构和场所与文脉 4 条教学主线，是对建筑学如何“入门”展开的思考与实践的，贯穿了建筑学教改体系一年级的基础阶段。而“从茶到室”这个课程设置是一年级（下）的第一个真正意义上的建筑设计的训练课程。“从茶到室”设计课的教学环节的实质是教授学生掌握将真实体验转换为行为的序列，再逐渐生成茶室空间这个物理结果的“自在具足”的设计方法，学生通过自己最真实的体验来确定茶室概念，并且用“讲故事”的方式将体验转化为空间操作，以达到用空间来叙事的效果，最终实现 3m × 3m × 3m 的茶室空间。

3. 以绿色理念为核心的“新工科”基础教学课程主线

以绿色理念为核心的“新工科”基础教学脱胎于顾大庆教授所提出的空间操作理论，强化了原有空间操作中关于建构与绿色相关的内容。微空间概念设计通过操作与观察、材料与分析、建造与结构、场景与表达等 4 个环节及之前环节的训练，引导学生从对建筑的认知出发，了解建筑构成的基本元素，认识建筑的场所与空间，掌握建筑设计中相关的构成及操作手法，体验与感受力学的属性，实践建筑构造节点的交接方式，最终完成在 6m × 6m × 9m 尺度内的概念性空间设计。

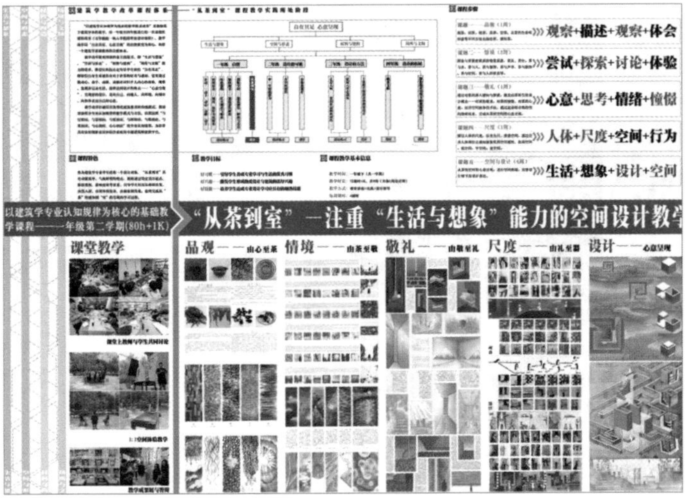

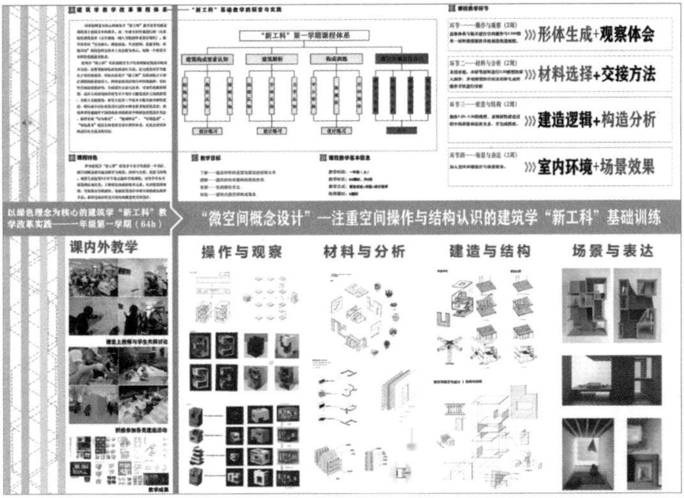

优秀作业 1：设计基础系列训练 设计者：于雅羲

优秀作业 2： 从茶到室——庭下一盏土 设计者：李贝宁

优秀作业 3：设微空间概念设计 设计者：李天琪

编撰 / 主持此教案的教师姓名：叶飞

参与教师姓名：以“建筑功能与空间设计”为核心——叶飞、颜培、李军环、王健麟、韩晓莉、马健、靳亦冰、王涛、张天琪、温宇

以“建筑学专业认知规律”为核心——刘克成、付胜刚、吴超、俞泉、吴涵儒、杨思然、同庆楠

以“绿色建筑理念”为核心——陈敬、崔陇鹏、田虎

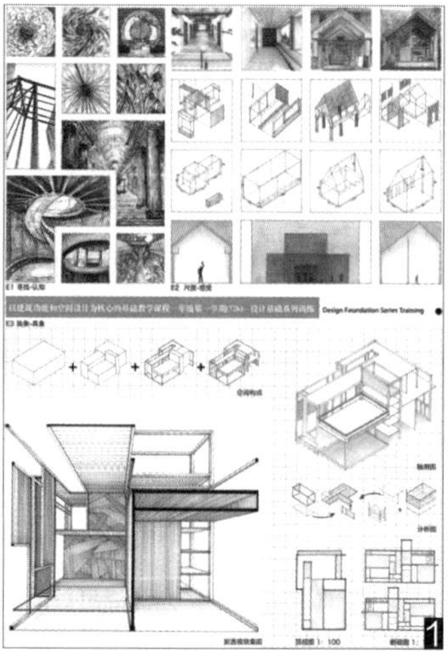

E1 寻找-认知
E2 片段-感受
以建筑功能和空间设计为核心的基础教学课程一年级第一学期(72h)—设计基础系列训练
Design Foundation Series Training
E3 抽象-具象
空间构成
轴测图
分析图
顶视图 1：100
剖视图
1

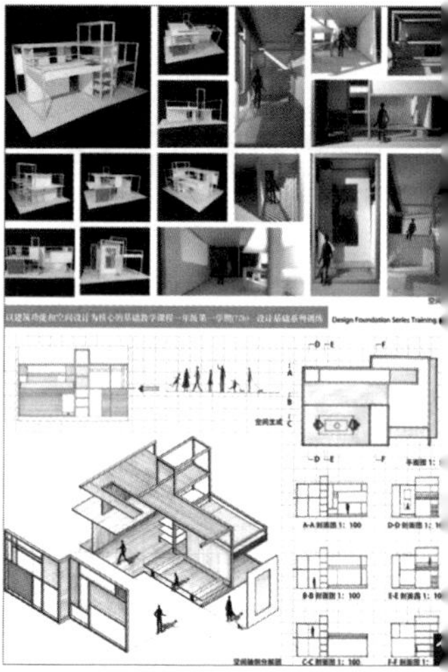

以建筑功能和空间设计为核心的基础教学课程一年级第一学期(72h)—设计基础系列训练
Design Foundation Series Training
空间生成
A-A 剖面图 1：100
B-B 剖面图 1：100
C-C 剖面图 1：100

以建筑学专业认知规律为核心的基础教学课程
一年级第二学期(80h+1K)——从茶到室
色
COLOUR
香
SMELLING
味
TASTE
形
SHAPE
意
2

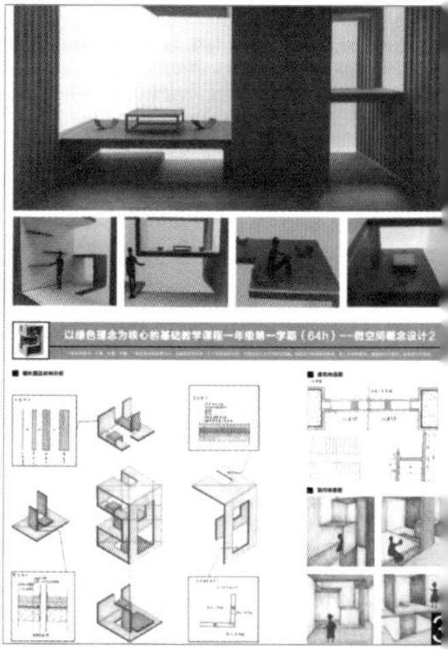

以绿色理念为核心的基础教学课程一年级第一学期（64h）——微空间概念设计2

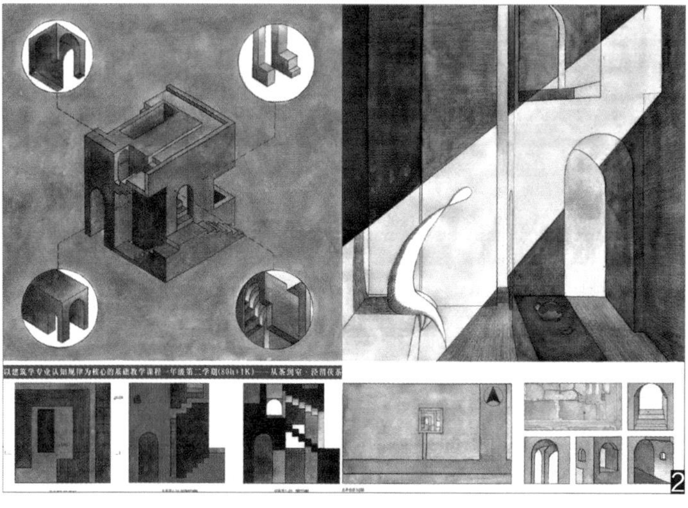

以建筑学专业认知规律为核心的基础教学课程一年级第二学期(80h+1K)——从茶到室
2

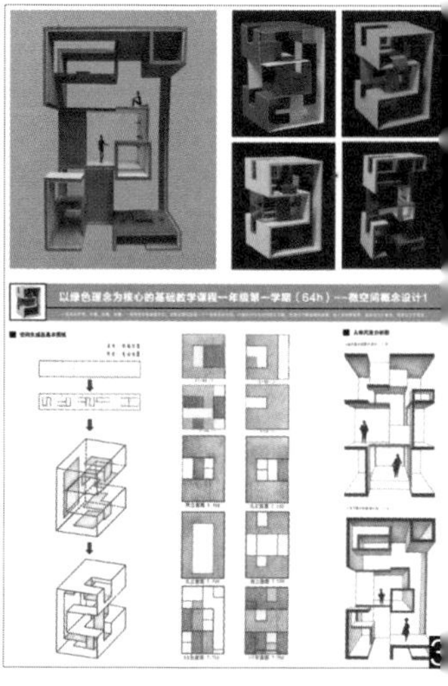

以绿色理念为核心的基础教学课程一年级第一学期（64h）——微空间概念设计1

从设计到建造
——设计基础教学中的木构建造训练

同济大学建筑与城市规划学院

扫码点击“立即阅读”，
浏览线上图片

以促进学生了解建筑全过程为目标，通过课题的设计，引入真实的材料、现实的使用功能与环境场景，引导学生充分利用和整合既有知识，综合分析材料、技术潜力与限制、复杂的现实需求与使用场景，综合运用既有知识，创造性解决问题。在这过程中熟悉并理解全周期的工程设计方法和流程。尤其是竞赛性的施工过程，充分发挥学生的能动性和团队协作精神，促进学生以主动的、实践的方式提升自我的建筑认知、提升学生系统工程能力。

1. 真实的建造场景：结合学生前期课程学习中所进行的社区调研，选择上海社区活动场地作为建造场景，以社区休憩亭为题，强化真实的建造环境与需求。

2. 现实的功能需要：课题在功能上要求学生以促进社区交往、社区公共活动为目的进行设计，同时有一定遮蔽和包裹空间的硬性限定。这一方面是为了规避设计过程中构成化、雕塑化的倾向；更是为了引导学生深入理解人的行为与空间需求，充分分析空间与行为的适应和互动，并以此为基础进行设计与建造。

3. 可操作的材料设定：采用木材作为建造实践教学环节的材料也是经过了一定的思考和摸索。我们既往的建造实践中，从最可操作的材料入手逐渐提升材料操作的难度，如从瓦楞纸板到塑料中空板，再到木材。不同的材料给予学生不同的建造可能，学生面对易于操作的材料则更为关注造型的可能；而难以控制的材料则会局限学生设计与建造的多样性。目前选择木材杆件，平衡了学生的操作能力与设计多样性之间的关系。

4. 相对紧迫的时间限制：真实的建造永远是在特定时间中完成的。本次建造实践，采用竞赛的方式限定建造时间，一是激发学生潜在竞争意识与激情，更是促进学生进一步了解真实建设项目中建设周期的重要性。

本课程设计，帮助学生在真实的建造语境下理解建筑工程的设计程序和实现过程，强调对已有知识、技能的综合运用，个体努力与团队协作并行，突出对现实工程周期的体验，突出对自主能力和系统工程能力的提升。

教学时间安排

整个教学安排占用两个星期课内时间，及一个星期课后时间：

第一阶段，分析与设计（2019 年 5 月 27 日 -6 月 2 日，7 天时间，两次课内集体讨论）。

这一阶段学生通过基础资料收集，理解材料潜力；通过行为与事件分析，提出方案设计基本思路，在此基础上进行方案设计，制作小尺度模型；经过两次课内集体讨论，确定基本方案。

第二阶段，验证与预加工（2019年6月3-6日，4天时间，一次课内集体讨论）。

深化设计，深入研究材料连接方式、建造时序，并进行等比例材料连接验证，确定实施方案。领取材料，进行材料预加工和组件制作。

第三阶段，现场装配施工（2019年6月7-9日，3天时间）。

现场装配时间定于2019年6月6日（星期四）-8日（星期六），建造地点在建筑与城市规划学院广场东侧停车场；

其中6月6日（星期四）09:00-10:00举办现场开幕式，学生分组领取“现场施工许可证”开始施工；

6月6-9日，现场施工；

6月9日（星期日）09:00-10:00竣工仪式，各组学生停止施工。

6月9日（星期日）10:00-12:00评委团进现场进行评阅，并于12:00公布评审结果，评出一等奖1名，二等奖2名，三等奖3名。

第四阶段，实物展示。

展示阶段分两个时间段进行，仪式在校内空间展示一个星期，便于学生随时跟踪和记录；二是在真实的城市空间中展示和使用。

校内空间展示2019年6月10-16日，7天时间；

城市空间使用2019年6月17日至今，成果拆装至上海城市公共空间（上海之鱼公园）进行展示和使用。

优秀作业1：2019上海乡村社区主题廊亭——无斜 设计者：郑奕杨、史清源、许玉洁、张荣婕、刘宛馨、陈知萌、罗富予、许诺、姜懿珍、王雨馨、徐蒙、周含玥、张祎言、王易、陈铭、龙新元、吴俊纬、李军

优秀作业2：2019上海乡村社区主题廊亭——弦坐亭 设计者：姜佳琦、陈黄海、熊若璟、朱好雨、朱雨菲、郑鑫洋、李明乙、赵栩炜、郭子龙、徐廷佳、闵武然、李尚奇、陈俊恺、张哲瑞、赵誉行、叶一宽

优秀作业3：2019上海乡村社区主题廊亭——社区自发性活动发生器 设计者：丁凯怡、尹鹏飞、郭立伟、钟政佳、徐沐子、陈柳莲、杨益鸣、郭益婧、路浩、汪志勇、裘梦盈、李均宜、蔡鸿芳、张茄真、李皓然、张乐凯、黄雪怡

编撰 / 主持此教案的教师姓名：王珂、徐甘、张建龙

参与教师姓名：王珂、徐甘、张建龙、岑伟、俞泳、戚广平、赵巍岩、周易知、华霞虹、关平、田唯佳、杨贵庆、周芃、司马蕾、李兴无、李华、刘刊、钱锋（女）、邓丰、李颖春、朱晓明、温静

从设计到建造

——设计基础教学中的木构建造训练

设计题目的基本信息：

教学对象：建筑学、城乡规划、风景园林、历史建筑保护工程专业一年级学生
教学周期：1年级第2学期，共2周（第14-15教学周）
学生组织：以小组为单位，15~18个学生一组，共13组
教师人数：每组2位指导教师
课程节奏：分为4个子环节,材料研究、方案设计、施工建造、活动体验；
前两个环节中，由各组指导老师分组评图、指导2次，施工建造环节为期三天以竞赛形式进行，邀请7名专家公开评图。

教案设计背景与思路：

设计基础教学从基本的技能训练到观点观念的培养都有所涉及，内容较为庞杂，既应提升学生知识、方法、技能、观念等不同方面的认知与能力，也应加强学生对“构思-设计-建造-运作”完整工程实践过程的认识和深入理解。

同时，当下“探索通识教育和专业教育相结合的人才培养方式，推行模块化通识教育”作为我国《国家教育事业发展“十三五”规划》提出的明确要求，对设计基础教学提出了新的目标和方向。在设计基础教学中，引导学生对建筑（产品）研发到运行生命周期的体验和完整认知，对加强学生深入了解学科、专业，激发学生学习热情和兴趣，扩展学生工程基础知识，提升学生个人能力、团队协作能力和工程系统能力有着重要的价值和作用。

正是在这一背景下，结合本校设计基础教学的“通专结合“改革，设计并实践了”从设计到建造：木构建造训练“这一设计课题，期望通过两周的竞赛式强化训练，让学生体验一次”构思-设计-建造-运作“完整工程实践过程，实现上述目标。

教学环节的前后衔接：

在本校的设计基础教学体系中，一下学期最后的教学环节处于抽象专项训练向具体建筑设计训练转换的节点。

在之前的训练中，学生已通过一系列抽象的专题训练，包括：

基本技能训练（建筑的认知与表达——抄、测绘）；
基本空间与形态操作训练（形态构成、空间限定）；
空间与行为关联性认知训练（事件立方体设计）；
单一空间的方案设计（饮茶空间设计）；
日常生活空间的理解和认知（里弄调研）；
简单建筑方案设计（三户宅方案设计）；

之后的教学环节包括由简入繁的一系列具体建筑方案设计：

水平空间设计（一层展览空间设计）；
复合空间设计（多层社区中心设计）；
完整建筑设计（创客公寓设计or评图中心设计）。

在两者之间，以一个单一空间的设计与建造为主题，通过两周的强化，让学生面对真实材料，体验“构思-设计-建造-运作“完整工程实践过程，既能够将之间学到的空间尺度、空间限定、空间行为关联、设计表达等技能充分运用，加强知识整合；也能够深入理解设计与建造关系、材料技术限制、设计与施工团队组织等更为具体的内容，充分理解建筑的本体意义，有效衔接后续的具体建筑设计训练环节。

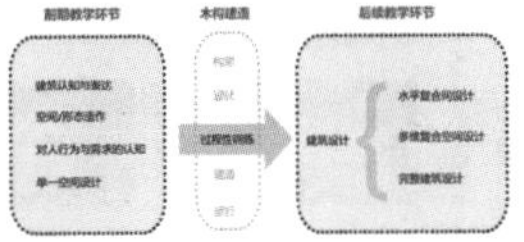

一年级下学期设计课建造环节教案 1

建筑设计课程总体框图

	学习阶段	专题设置	教学重点	选题内容
一年级	建筑设计基础	基础训练	认知表达/实验与实践	设计要素、环境认知、建筑表达、装置设计、建造实验
二年级	建筑生成设计	专业入门	生成性综合设计	水平空间、垂直空间、复合空间、校友之家/评图中心
三年级	建筑设计	公共建筑设计	功能与流线	社区图书馆、社区文化馆
		建筑与人文环境	形式与空间	民俗博物馆、展览馆
		建筑与自然环境	场地、剖面与构造	山地俱乐部
		建筑群体设计	空间秩序与环境整合	商业综合体、教学集合建筑
四年级	建筑设计	高层建筑设计	城市、景观、结构、设备与防灾及技术规范	高层旅馆、高层办公楼
		住区规划设计	修建性详规与居住建筑及技术规范	城市住区规划
		建筑专题设计	综合设计能力	城市设计、观演建筑、医疗设施与交通建筑等
五年级	毕业实践	毕业设计	社会适应能力与综合能力	教学团队
硕士研究生	研究生设计	研究型设计	研究性和实践性设计能力拓展与深化	研究课题

基础教学中的设计与建造课题

教案的课题设计

以促进学生了解建筑全过程为目标，通过课题的设计，引入真实的材料、现实的使用功能与环境场景，引导学生充分利用和整合既有知识，综合分析材料、技术潜力与限制、复杂的现实需求与使用场景，综合运用既有知识，创造性解决问题。在这过程中熟悉并理解全周期的工程设计方法和流程，尤其是竞赛性的施工过程，充分发挥学生的能动性和团队协作精神，促进学生以主动的、实践的方式提升自我的建筑认知、提升学生系统工程能力。

1. 真实的建造场景：

结合学生前期课程学习中所进行的社区调研，选择上海社区活动场地作为建造场景，以社区休憩亭为题，强化真实的建造环境与需求。

2. 现实的功能需要：

课题在功能上要求学生以促进社区交往、社区公共活动为目的进行设计，同时有一定遮蔽和包裹空间的硬性限定。这一方面是为了规避设计过程中构成化、雕塑化的倾向；更是为了引导学生深入理解人的行为与空间需求，充分分析空间与行为的适应和互动，以此为基础进行设计与建造。

3. 可操作的材料设定：

采用木材作为建造实践教学环节的材料也经过了一定的思考和探索。我们既往的建造实践中，从最可操作的材料入手逐渐提升材料操作的难度，如从瓦楞纸板到塑料中空板再到木材。不同的材料给与学生不同的建造可能，学生面对易于操作则更为关注造型的可能；二难以控制的材料则有局限了学生设计与建造的多样性。目前选择木材杆件，平衡了学生的操作能力与设计多样性。

4. 相对紧迫的时间限定：

真实的建造永远是在特定时间中完成的。本次建造实践采用竞赛的方式进行，一是激发学生潜在竞争意识与激情，更是促进学生进一步了解真是建设项目中建设周期的重要性。

教学的核心内容

材料性能方面：	材料的视觉与触觉效果、物理性质、加工方法；
结构构造方面：	结构稳定性、构造功能性、节点表现性；
建筑物理方面：	防雨、防潮、通风、自然光照；
使用功能方面：	上海社区主题公共活动；
空间尺度方面：	满足3-4人活动的站、坐及移动尺度要求；
建筑控制方面：	屋顶覆盖面积5平方米，室内空间容积10立方米以内，高度控制3米以下。

教案的训练目标

本课程设计，帮助学生在真实的建造语境下理解建筑工程的设计程序和实现过程，强调对已有知识、技能的综合运用，个体努力与团队协作并形，突出对现实工程周期的体验，突出对自主能力和系统工程能力的提升。

1. 既有知识的运用与整固

将已学习的建筑使用功能、人体尺度、空间形态以及建筑物理、技术等方面的既有知识运用于实践，通过实际应用实现知识的整固。

2. 材料性能、建造方式的感性及理性认识

面对现实材料，通过材料性能（受拉/受压/弯曲/防潮/防水）分析、结构分析（承荷/稳定性）、连接可行性分析，充分理解材料的潜力与实际限制。

3. 工程全周期的认知

通过一次完整的设计建造实验，使学生体验“构思-设计-建造-运作“完整工程实践过程，提升学生工程系统能力。

4. 自主学习能力提升

主动进行资料收集，设计推进思考，实践验证，强化学生自主学习能力。

5. 交流协作能力

建筑设计是一门需要多学科和多工种合作完成的工作，团队精神和合作意识对职业发展必不可少。因此在教学过程中，充分利用团队设计与建造的优势，共同完成设计与建造。训练学生独立思考、换位思考和交流商讨解决复杂问题的技巧与方法。

教学的组织与实施

教学组织以小组为单位进行，每个小组独立经由四个阶段，完成教学任务。

1. 行为与事件分析，方案设计；
2. 深化设计，确定实施方案；深化实施方案、结构与构造设计、材料准备；
3. 材料预制、加工与装配施工的程序；
4. 展示现场跟踪与总结。

实施过程中以综合能力训练为导向，结合文献阅读、模型、图纸、讨论、实验等手段进行教学训练。

作为建造训练环节，两个困难不可避免，一是安全问题，二是实践经费问题。本次教学设计问题以下两个方式解决：安全性问题，本教学过程成，仅对学生开放手持设备，大型台锯、电刨等工具采用雇佣专业人员现场、学生预约、辅助制作的方式进行。经费问题，本次教学充分发挥校地、校企协作的潜力，由木材公司支持施工材料，地方投资公司提供展示场地。

从设计到建造

——设计基础教学中的木构建造训练

教学进度安排

整个教学安排占用两个星期课内时间，及一个星期课后时间：

第一阶段，分析与设计（2019年5月27号-6月2号，7天时间，两次课内集体讨论）

这一阶段学生通过基础资料收集，理解材料潜力；通过行为与事件分析，提出方案设计基本思路，以此为基础上进行方案设计，制作小尺度模型；经过两次课内集体讨论，确定基本方案。

第二阶段，验证与预加工（2019年6月6月3号-6月6号，4天时间，一次课内集体讨论

深化设计，深入研究材料连接方式、建造时序，并进行等比例材料连接验证，确定实施方案。

领取材料，进行材料预加工和组件制作。

第三阶段，现场装配施工（2019年6月7号-9号，三天时间）

场装配时间定于2019年6月7（星期五）-6月9日（星期日），建造地点在建筑与城市规划学院广场东侧停车场；其中

6月7日（星期五）09:00-10:00 举办现场开幕式，学生分组领取“现场施工许可证”开始施工；

6月7日-6月9日，现场施工；

6月9日（星期日）09:00-10:00竣工仪式，各组学生停止施工；

6月9日（星期日）10:00-12:00评委团进现场进行评阅，并于12:00公布评审结果，评出一等奖1名；二等奖2名；三等奖3名。

第四阶段，实物展示

展示阶段分两个时间段进行，仪式在校内空间展示一个星期，便于学生随时回访和记录；二是在真实的城市空间中展示和使用。

构思与设计

课程设计任务书

设计要求：为上海社区公共空间中设计并建造一栋满足社区日常休闲活动的主题廊亭，要求使用统一提供的材料。

材料规格：方木条单根长2米，截面尺寸为 5mm×50mm；每组共有200根方木条可供使用方木条统一提供。

结构形式：方木条整体生成结构、方木条框架结构等结构方式均可；保持公共廊亭自身的结构完整性和坚固性，公共廊亭以整体搁置的方式与广场地面交接。

连接方式：榫卯连接、金属连接、拉索连接均可，连接材料由各小组自行解决。

尺寸要求：要求每栋公共廊亭屋顶覆盖面积为5平方米，室内空间容积控制在10立方米以内建筑高度控制在3米以下。

加工方式：小型电动加工工具及手工加工工具，高度重视加工工具使用中的安全要求。

场地要求：13支参赛队在建筑与城市规划学院东侧停车场上按组委会规定的建造地块内建造总计13栋木结构主题廊亭。建造场地上共设置13块建造地块，每块基地尺寸控制为5米×5米（含施工操作空间）。

单体建筑：每栋木结构主题廊亭内部空间要求需满足社区一种特定的公共活动，其空间需呈现“叙事性”，要求该廊亭的材料使用能充分发挥木材（方木条）的材料特性，建筑空间、结构和围护达到一体化，其基本结构单元与整体结构形态呈现清晰的逻辑生成关系。

技术要求：选择规定的建筑材料（方木条），收集相关资料，对材料实体进行性能实验，诞

连接验证

一年级下学期设计课建造环节教案 2

图纸及相关设计文件要求

1、图纸规格：
600mm×600mm（图纸打印裱板<KT板>）
2、成果内容：
设计构思推导过程图解分析若干
总平面　1个 1：50
平面图　1个 1：50（不同高度平面、含屋顶平面）
屋顶平面图　1个 1：50
立面图　4个 1：50
剖面图　2个 1：50
轴测或透视表现图 1个 1：50
3、模型：
1个 1：20
4、建造实验报告
设计分析：设计概念、材料分析（受拉/受压/弯曲/防潮/防水）、结构分析（承荷——稳定性）、节点方式；
施工方案：材料加工步骤、预制件进场时间、建造程序；
拆卸方案：拆除程序、材料回收；

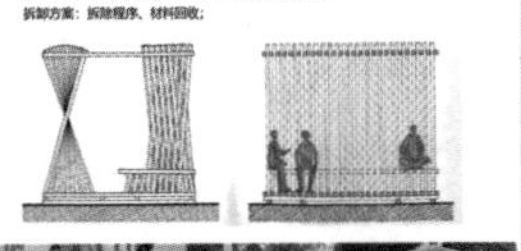

现场施工

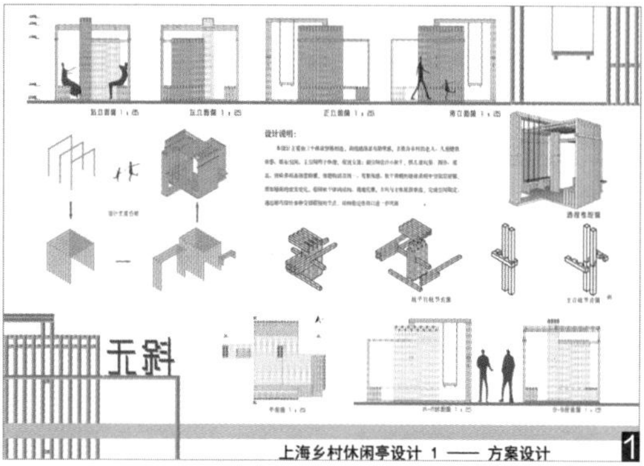
设计说明:
上海乡村休闲亭设计 1 —— 方案设计
1

上海乡村休闲亭设计 2 —— 过程展示

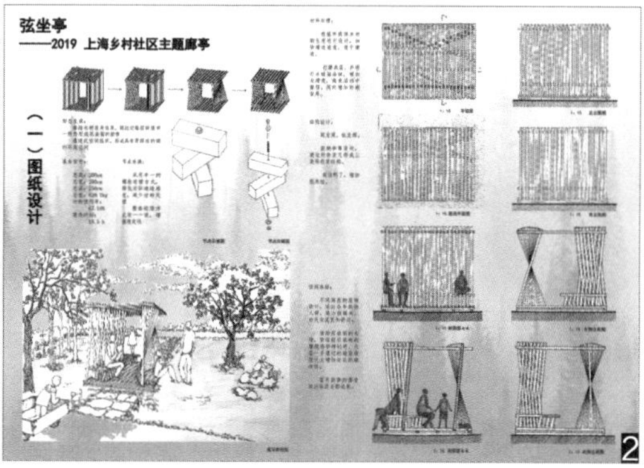
弦坐亭
——2019 上海乡村社区主题廊亭
(一)图纸设计
2

弦坐亭
——2019 上海乡村社区主题廊亭
(二)建造过程

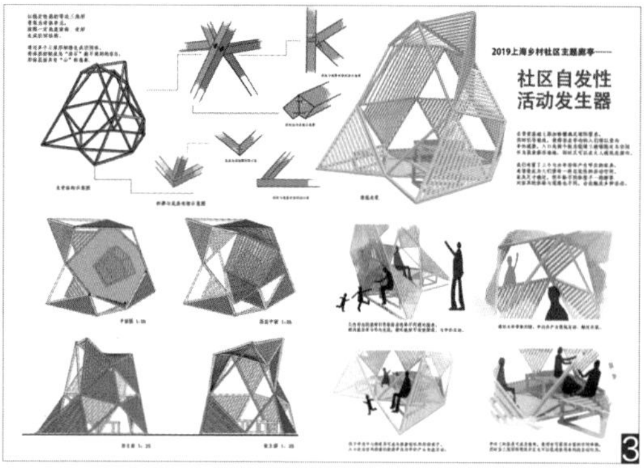
2019上海乡村社区主题廊亭——
社区自发性活动发生器
3

方案推敲
材料处理
现场搭建
展览实况
2019上海乡村社区主题廊亭——
社区自发性活动发生器

“空间建构 + 空间试验”建筑初步课程教案

郑州大学建筑学院

扫码点击“立即阅读”，
浏览线上图片

空间建构板块主要由概念、抽象、材料及建造四个阶段进行专项练习，让学生熟悉各种变量对空间生成的作用。概念阶段，总结出自然力的各种存在，将它运用于模型操作，引导学生观察空间的基本特征；抽象阶段则运用单一材料显现形式所产生的空间特征；材料阶段将材料根据其色彩、透明性、肌理进行研究，观察空间特征的变化；建造阶段学生的重要任务在于对“厚墙”建造的理解。在基础上进入空间试验板块的训练，通过对一个生活空间单元的设计，以及4~6个空间单元的组合与其所在的环境，来探讨形式与空间——这一对不可分割而又相互依赖的设计问题的关系。

理解设计的过程以及如何通过作业、反思和再作业的循环来发展设计。设计给定空间边界的生活单元，需包含给定尺寸的11种共19件家具。在给定的场地边界内放置4~6个生活空间单元，生活空间单元位置关系可以相离、正交，场地设计完成基地入口到达各个空间单元的路径。充分考虑周围环境对空间关系建立的作用，以及各种可能的工作营地的外部空间。

首先从外部环境的角度与内部功能的组织来思考内外部空间关系，并分析关系建立的过程中相关联的影响因素。借助操作模型家具模块来思考具体功能与空间的对应关系，形成生活单元。进入空间与组织阶段时，基于上一步的分析结果，选择利用具体的操作要素（板片、体块和杆件）与方法获得初步的空间单元边界和场地，并继续进行建筑外部空间抽象设计，可选用与空间单元一致或不同的要素进行操作。第三步是环境与整理阶段，附加气候边界，由此空间单元的壳体及其组合则界定出了清晰的室内外空间。完善建筑内部环境设计，使用具体的家具形式替换阶段一的家具模块。清晰建筑外部环境设计，继续推进阶段二得到的外部空间的初步形态设计，结合功能摆布完成场地设计。

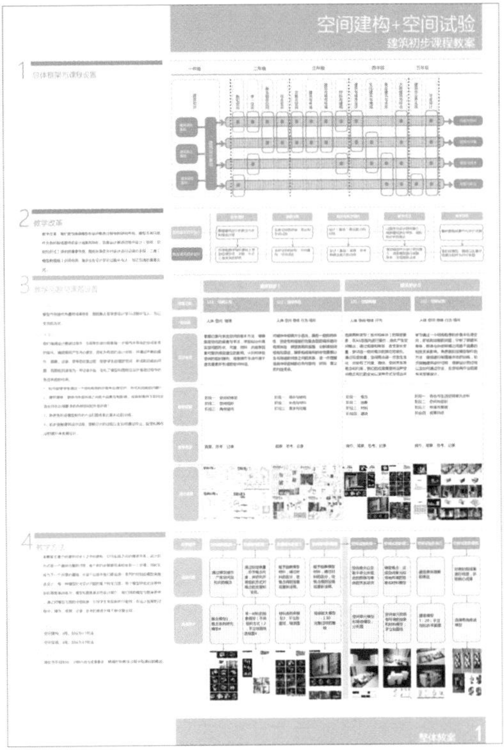

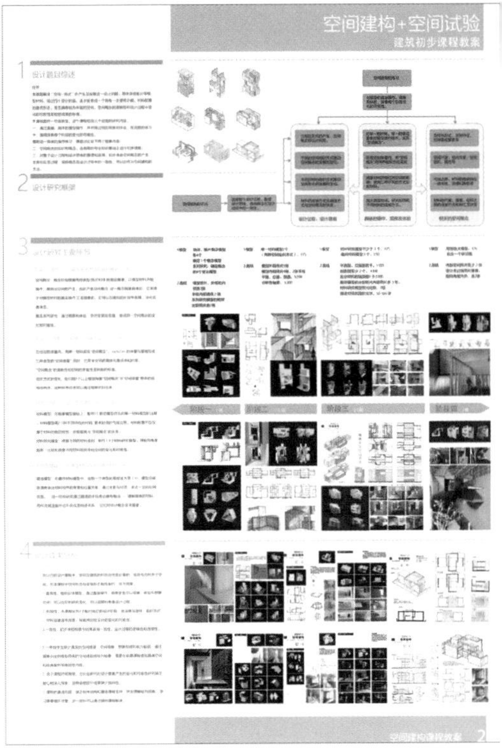

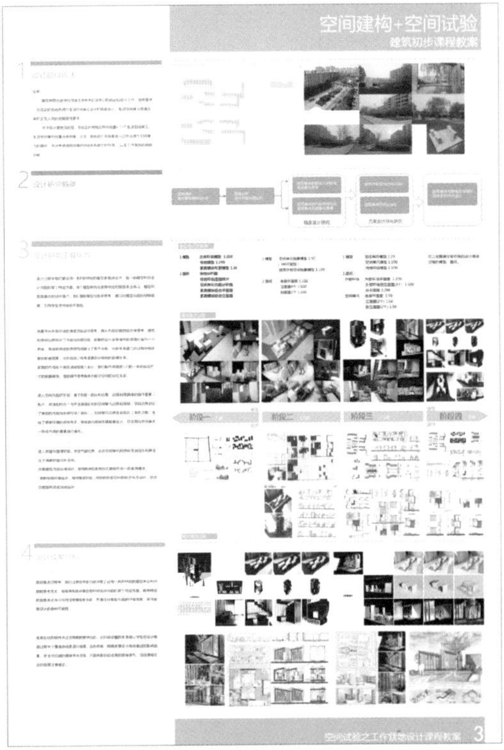

优秀作业 1：工作营地设计——留白
设计者：吴思熠
优秀作业 2：黑与白——工作营地设计
设计者：张卓艺
优秀作业 3：空间建构 设计者：刘正阳

编撰 / 主持此教案的教师姓名：张颖宁 、刘洛微
参与教师姓名：黄华、张彧辉、徐维波、黄晶、陈伟莹、罗丁、毕昕

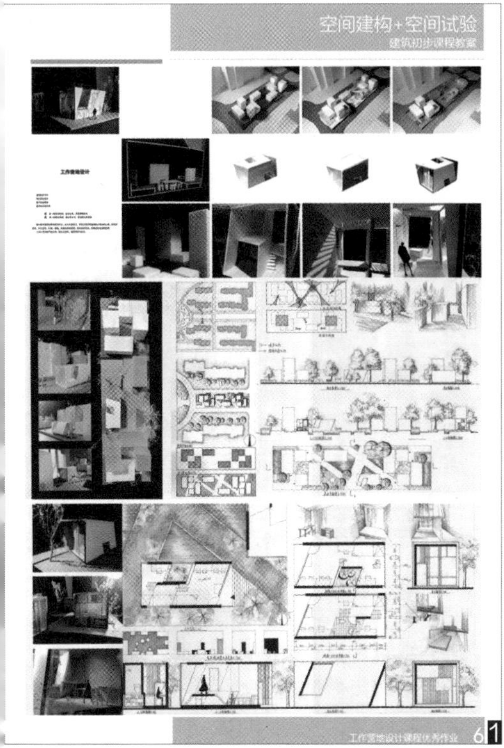
空间建构+空间试验
建筑初步课程教案
工作营地设计
工作营地设计课程优秀作业 6 1

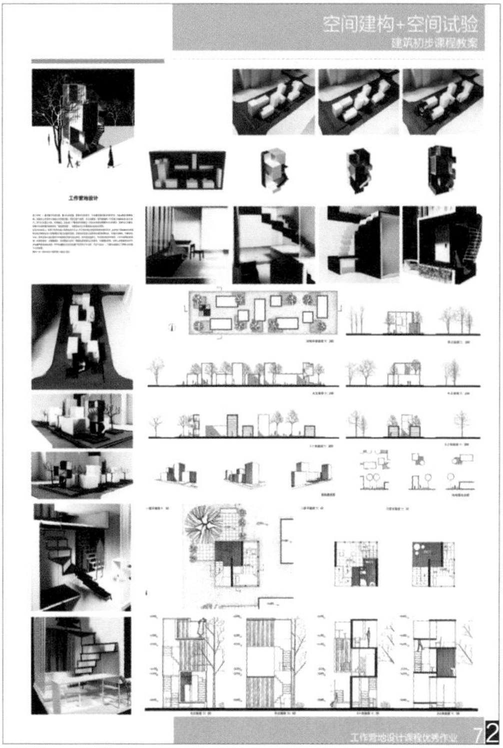
空间建构+空间试验
建筑初步课程教案
工作营地设计
工作营地设计课程优秀作业 7 2

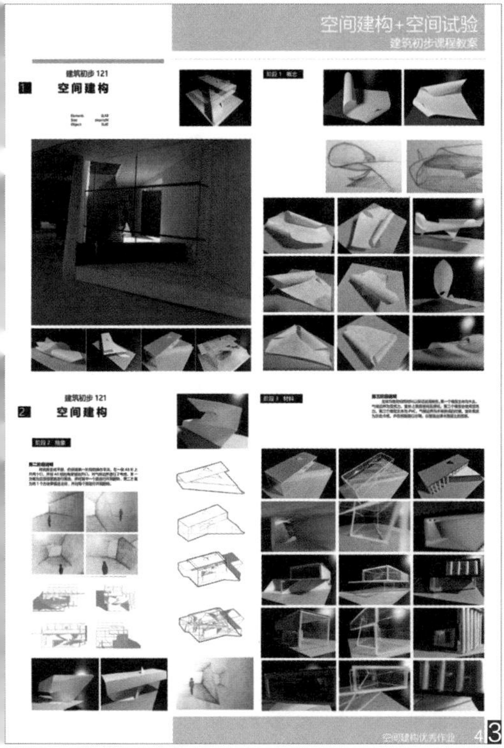
空间建构+空间试验
建筑初步课程教案
建筑初步 121
1 空间建构
阶段 1 概念
建筑初步 121
2 空间建构
阶段 2 抽象
阶段 3 材料
空间建构优秀作业 4 3

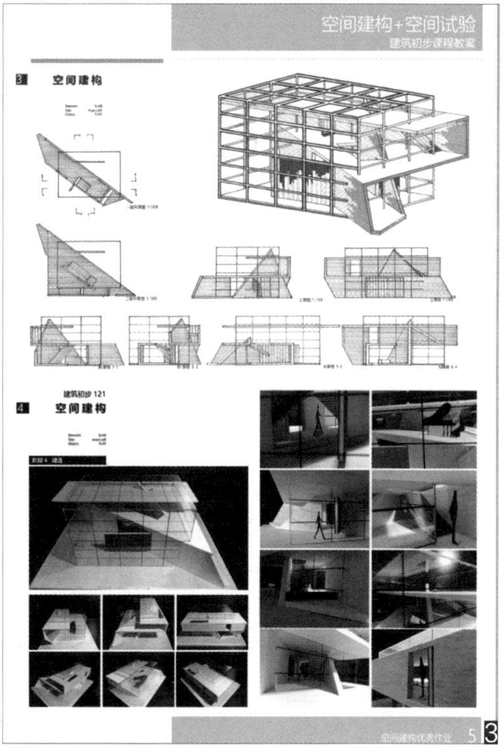
空间建构+空间试验
建筑初步课程教案
3 空间建构
建筑初步 121
4 空间建构
阶段 4 建造
空间建构优秀作业 5 3

以知识的掌握为目标的空间设计（内部、外部）

烟台大学建筑学院

扫码点击“立即阅读”，
浏览线上图片

1. 操作与观察

对规定体积的立方体进行加法或减法的操作；

在操作过程中得到多种空间组合的可能性；

对多种空间组合进行观察和评判，进行取舍；

空间形成的过程不是凭空想象的，得到空间组合的可能性是通过模型的加法或减法得到的，是随着操作步骤一步步推导出来的，不是想象出来的，这是一个可以操作的过程。

2. 模型体验

通过制作缩小尺寸的实体模型和实际尺寸的数字模型，来体验空间规则，认知空间。模型的制作是本作业必不可少的步骤。

3. 过程记录

在空间单元排列组合的过程中，我们要求记录空间形态的生成过程，记录的形式有几种：

一是把空间单元形象化为一块块积木，对空间的记录就转化为对积木体块的记录，积木体块在立方体中位置的记录，这个工作可以在一张纸上用草图的方式来完成，草图包括平面图、透视图、轴测图等，我们可以对每一块积木进行编号，等空间推敲确定后，将它们的位置逐一在纸上确定，然后拆掉这组空间，继续开始一个新空间的创作尝试。

另一种记录方式是直接对空间单元的空间位置关系的记录，在每一次空间形态排列组合推敲完成后，我们要将它的虚实空间状态用影像的方式保存下来，作为影像资料收藏，同时也可以进一步的体验和交流，照相记录是空间状态的真正凝固。

还有一种就是用数字模型记录：把实体模型转换成数字模型。

建筑的根本目的是得到空间，而设计是通过对空间形态的操作获得有目的性的行为的满足，空间通过形态被认知，行为通过形态被实现。空间形态是连接空间与行为的媒介。

空间←→空间形态←→行为

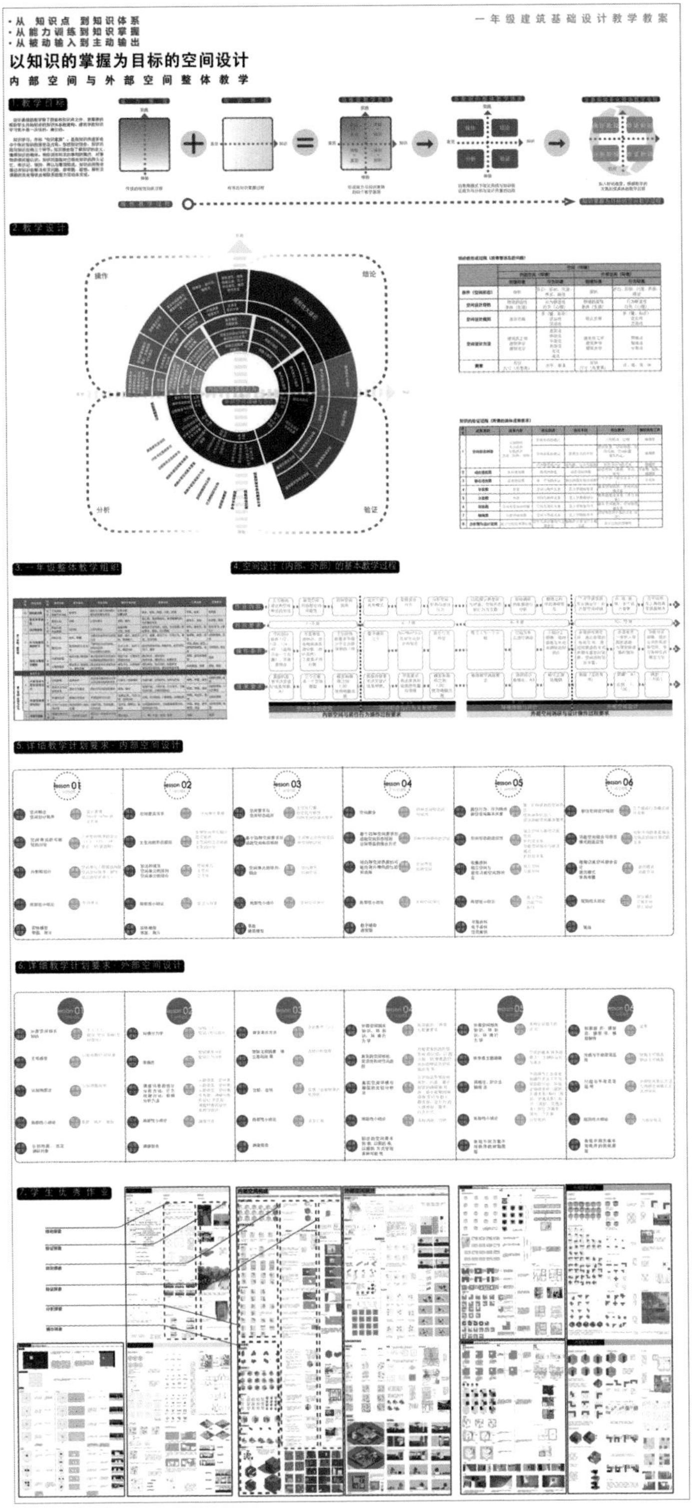

优秀作业 1：空间设计
设计者：姚晨辉
优秀作业 2：空间设计
设计者：孟莹
优秀作业 3：空间设计
设计者：杨秋晨

编撰 / 主持此教案的教师姓名：张巍
参与教师姓名：王清文、储晓慧、王立君、陈中高、孙俊

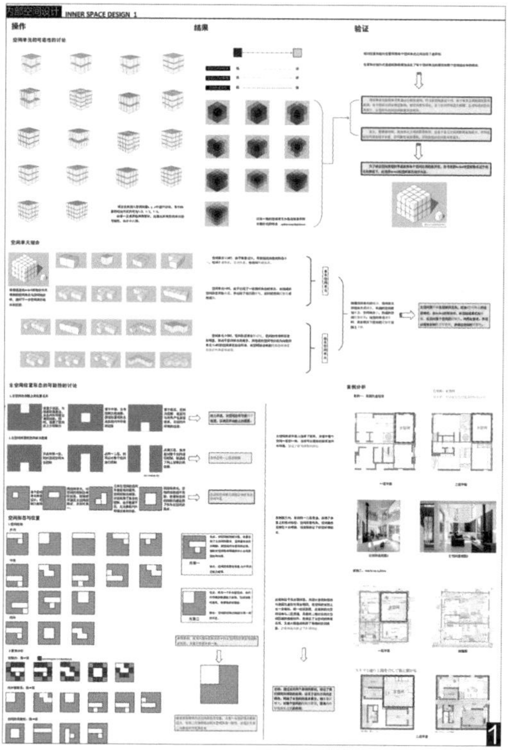
内部空间设计
INNER SPACE DESIGN 1
操作
结果
验证
1

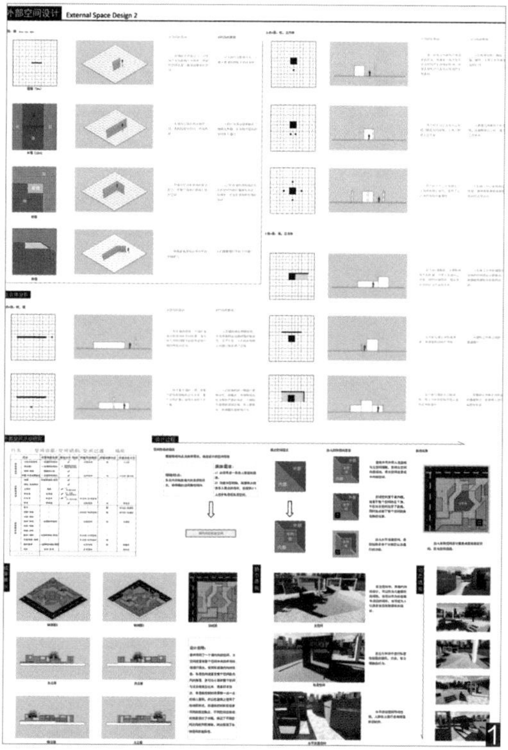
外部空间设计
External Space Design 2
1

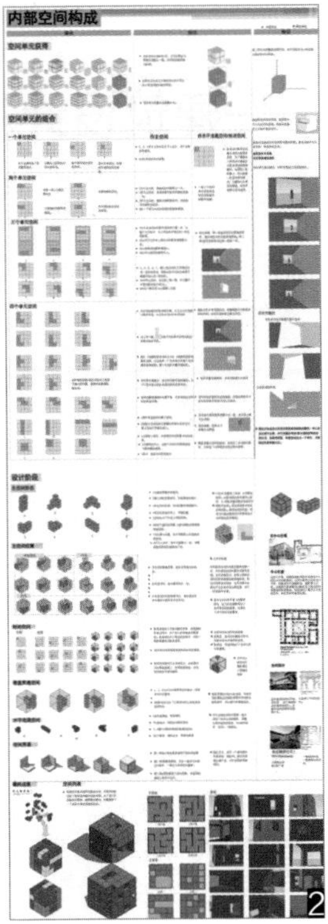
内部空间构成
空间单元获得
空间单元的组合
设计阶段
2

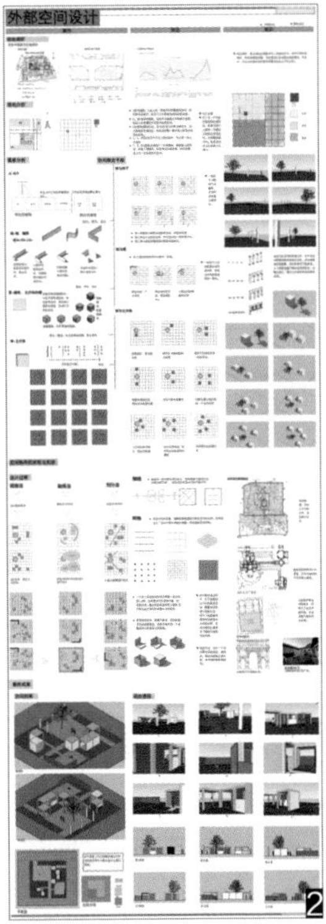
外部空间设计
2

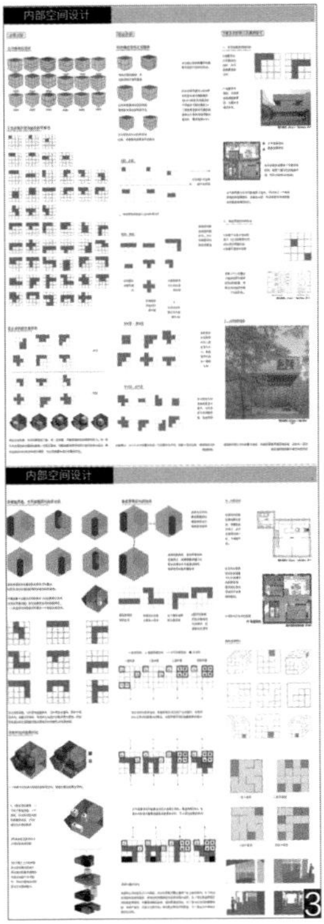
内部空间设计
内部空间设计
3

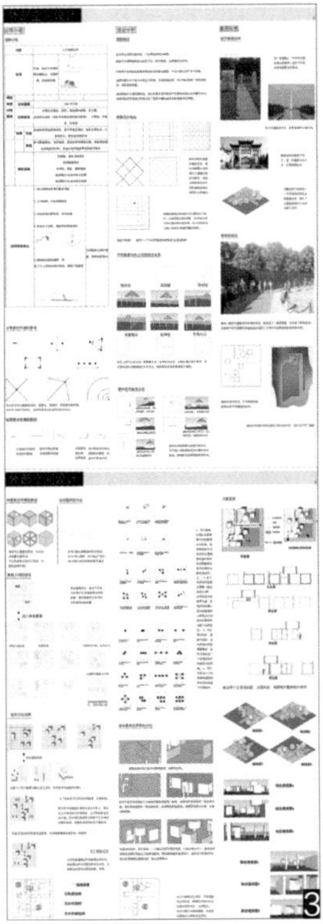
3

从抽象空间到现实场景——建筑设计基础课程

浙江大学建筑工程学院

扫码点击“立即阅读”，
浏览线上图片

1. 总体教学目标

在本校建筑学专业的“3+1+1”设计系列课程体系中，一年级的建筑设计基础课程是起始阶段，其关键词为“基本训练”，希望通过一系列设置严谨、目的明确的练习来培养学生对空间与形式最基本的操作、观察、认知能力，为接下来更高年级设计课程的学习打下坚实基础。

2. 总体教学方法

一方面通过严谨的练习设定让学生可以进行自我评价。另一方面培养学生理性抽象思维的能力并强调“动手做”的学习方法。

建筑设计基础Ⅰ的主题为“抽象空间”，由5个相对独立的练习组成。其中练习1和练习2从体量出发，强调实空转换，关键词分别为“三维图底”和“体积规划”；练习3和练习4则从界面出发，强调围合界定，关键词分别为“水平切分”和“垂直积聚”。这四个练习的训练目的是让学生在体会空间形成方式多样性的基础上，建立操作手法和空间体验之间的联系。而练习5要求学生将抽象的练习成果置入真实的校园环境中，在理解“视觉尺度”的同时过渡到下一阶段的学习。建筑设计基础Ⅱ的主题为“现实场景”，在承继抽象理性思维的基础上，引入相对现实的设计问题。贯穿整个课程的练习为以乐高积木为工具的“秩序”练习，强化设计中的理性思维。设计选址是良渚国家考古遗址公园真实环境中的一处假想场地，通过考古工作人员居住单元、考古遗址展示厅、小型考古主题场所三个练习，分别关注建筑学的核心问题：人居、建构、场所。

3. 设计题目的任务书

建筑设计基础Ⅰ（16周）

Ⅰ－练习1设计与实现（2周）

用指定材料制作一个立方体容器，用于收纳设计者的文具、手机等个人物品。练习中初步体会从设计到实现的过程，并在此过程中学习理解使用功能、空间形式、材料工艺、设计表达等知识点。

Ⅰ－练习2实体与空间（4周）

在给定的立方体轮廓内，根据练习要求进行实体的积聚构成，初步体会立体构成的形式法则。在实体构成的基础上，进一步探讨从实体到空间的转化，初步理解空间的界定以及空间的组织。

Ⅰ－练习3秩序与空间（4周）

在预设网格的底板上，利用垂直和水平两个向度的板片界定、组织空间。尝试利用简单的要素，遵循清晰的规则，形成空间系统的组织结构和逻辑秩序。通过分析，体会由透明性带来的对空间的多义性解读。

Ⅰ－练习 4 图形与空间（4 周）

从二维图形出发，遵循一定的规则，形成“图底两可”的图形，并对其进行多种解读。对平面图形进行层叠、支撑，调整高度、界面围合等一系列操作，形成在高度方向上富有变化的整体空间。观察分析生成逻辑与空间特征的内在联系。（4 周）

Ⅰ－练习 5 环境与呈现（2 周）

将设计对象置于真实（或模拟真实）的场景中，研究及展示其视觉和空间效果。外部透视主要表现形象及其与周边环境的关系；内部透视则着重于表现内部空间。用照片拼贴的技术，呈现场所感和空间感。

建筑设计基础Ⅱ（16 周）：

Ⅱ－练习 0 秩序（3 周）

各个部分之间的逻辑关系是一个整体得以形成的重要基础。这种秩序的必要性来源于共同的需求：有秩序的事物总能让人们更好地理解、制作及使用。设计中的秩序可能由设计条件引发，也可能由设计要求导致，但最大的可能还是源自设计者希望赋予设计的一种组织逻辑。本课题中，通过乐高块的拼搭练习，希望能够初步建立关于体块形状、空间形态以及两者间逻辑关系的设计意识，并尝试从场地环境中发现影响设计的条件和引导设计的线索。同时，在三个阶段逐步变化的设计条件下，具备调整和控制的能力，促使原有秩序的合理演变。

Ⅱ－练习 1 人居（4 周）

居住单元，指能容纳基本生活内容的人居活动空间。本课题要求利用工业化生产的标准尺寸的钢框架箱体为考古现场工作人员设计临时居所。空间、家具和人居行为之间的互动关系是练习的主题，同时关注功能组织与空间层级、绿色建筑及其技术措施的初步概念。

Ⅱ－练习 2 建构（4 周）

通过遗址展示厅的设计，探讨空间与建构之间的互动关系。其中，结构的作用不仅在于提供安全可靠的建筑框架，还可被视为一种空间界定的要素；而构造则关注材料、构件的组合关系，不仅要保证建筑在物理层面的舒适性，也通过知觉体验在心理层面影响人们对空间的感知。

Ⅱ－练习 3 场所（5 周）

场所，指的是由特定的人与特定的事所占有的具有特定意义的环境空间。清晰的组织结构和明确的领域界定往往是评价一处场所的基本标准。本课题中，我们将选择良渚国家考古遗址公园中的一块场地，设计一处供人们观展、游玩、休闲的场所。

优秀作业 1：建筑设计基础 I——方正之间 设计者：徐宇超

优秀作业 2：建筑设计基础 II——古地·长屋·新景 设计者：沈奕辰

优秀作业 3：建筑设计基础——四种空间 / 方屋集序 设计者：芦凯婷

编撰 / 主持此教案的教师姓名：曹震宇

参与教师姓名：吴璟、张涛、孙炜玮、夏冰、吴津东、张焕、徐辛妹、魏薇

从 抽象空间 到 现实场景

建筑设计基础课程
一年级 · 2018-2019 学年

在本校建筑学专业的“3+1+1”设计系列课程体系中，一年级的建筑设计基础课程是起始阶段，其关键词为“基本训练”，希望通过一系列设置严谨、目的明确的练习来培养学生对空间与形式最基本的操作、观察、认知能力，为接下来更高年级设计课程的学习打下坚实基础。

建筑设计基础 I 的主题为“抽象空间”，由 5 个相对独立的练习组成。其中 E1 和 E2 从体量出发，强调实空转换，关键词分别为“三维图底”和“体积规划”；E3 和 E4 则从界面出发，强调围合界定，关键词分别为“水平切分”和“垂直积聚”。这四个练习的训练目的是让学生在体会空间形成方式多样性的基础上，建立操作手法和空间体验之间的联系。而 E5 要求学生将抽象的练习成果置入真实的校园环境中，在理解“视觉尺度”的同时过渡到下一阶段的学习。

建筑设计基础 II 的主题为“现实场景”，在承继抽象理性思维的基础上，引入相对现实的设计问题。贯穿整个课程的练习为以 LEGO 积木为工具的“秩序”练习，强化设计中的理性思维。设计选址为良渚国家考古遗址公园真实环境中的一处假想场地，通过考古工作人员居住单元、考古遗址展示厅、小型考古主题场所三个练习，分别关注建筑学的核心问题：人居、建构、场所。

建筑设计基础 I · 抽象空间

秋冬学期·16 周

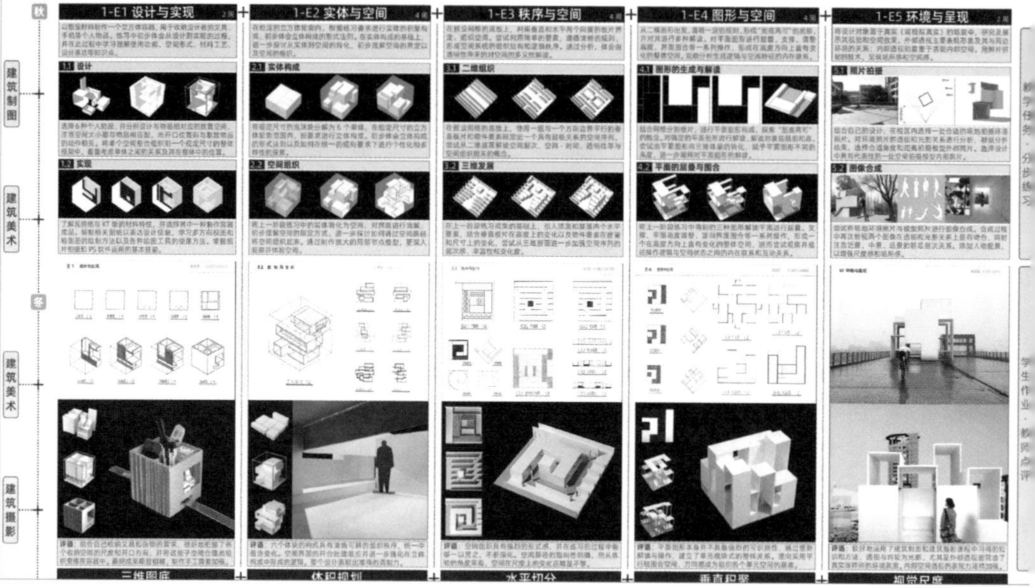

建筑设计基础 II · 现实场景

春夏学期·16 周

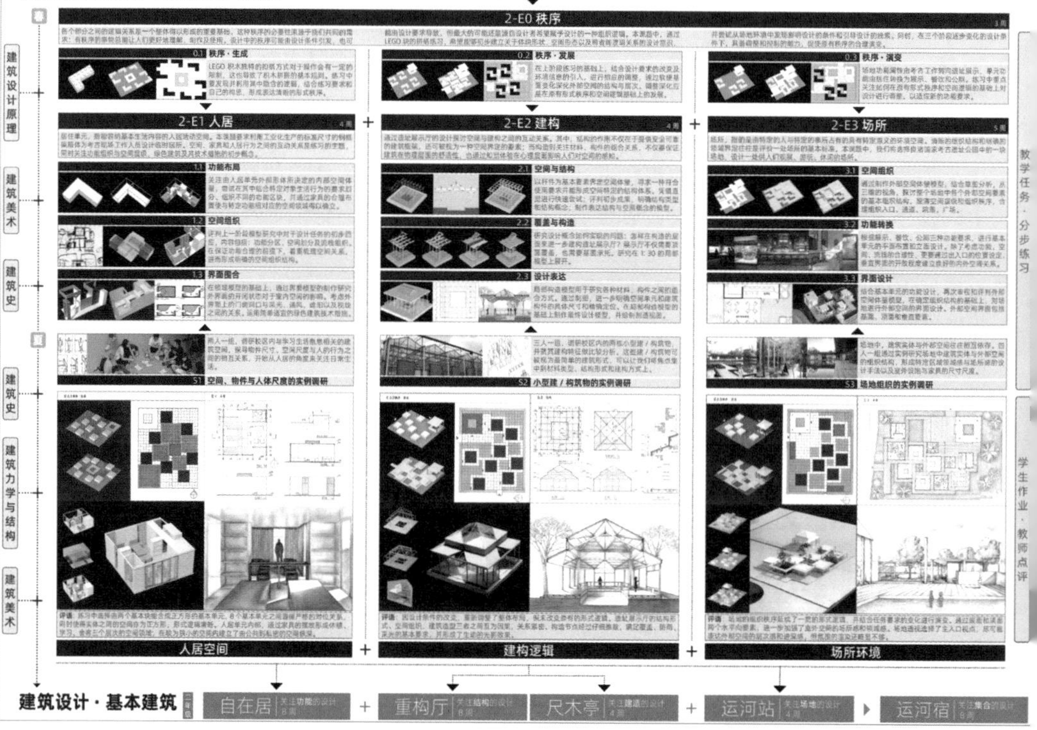

建筑设计 · 基本建筑

二年级

自在居 | 关注功能的设计 8 周
+ 重构厅 | 关注结构的设计 8 周
尺木亭 | 关注建造的设计 4 周
+ 运河站 | 关注场地的设计 4 周
▶ 运河宿 | 关注集合的设计 8 周

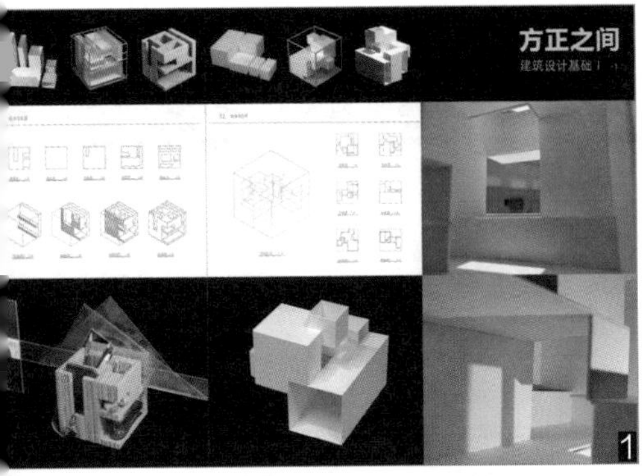
方正之间
建筑设计基础 I
1

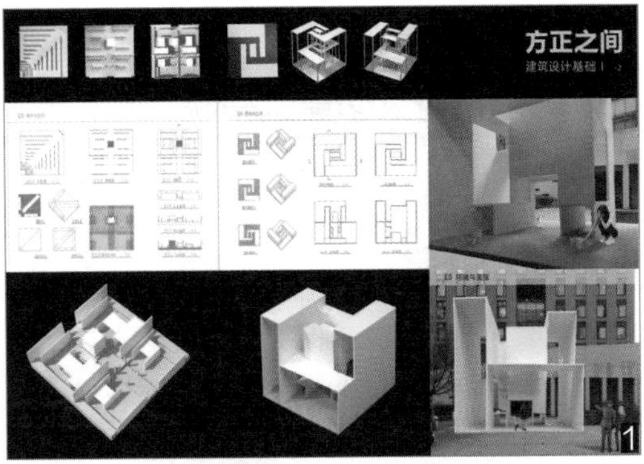
方正之间
建筑设计基础 I
1

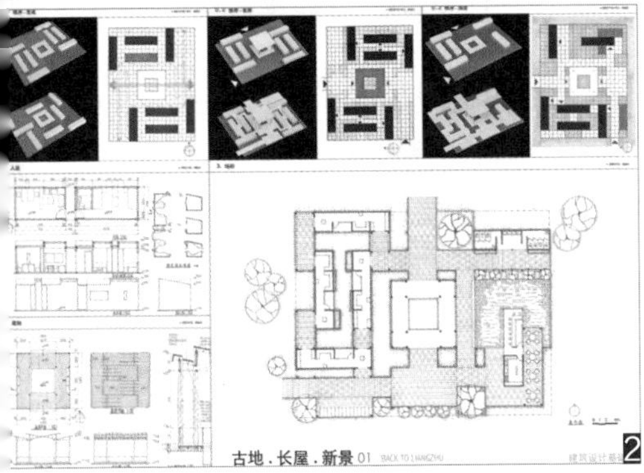
古地．长屋．新景 01 BACK TO LIANGZHU
建筑设计基础
2

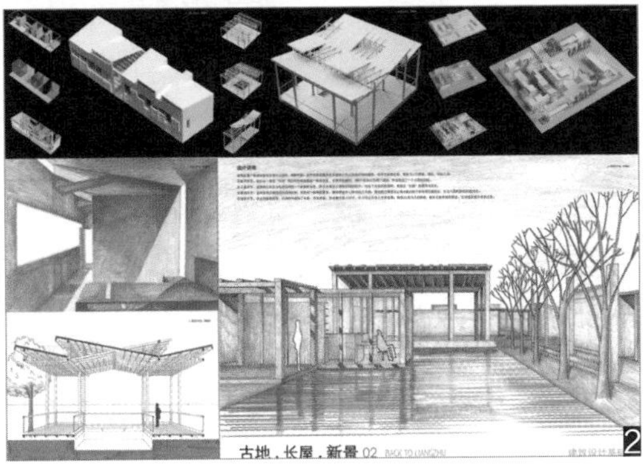
古地．长屋．新景 02 BACK TO LIANGZHU
2

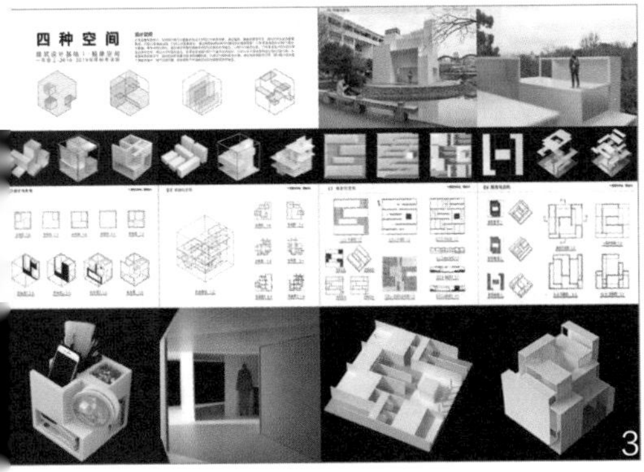
四种空间
3

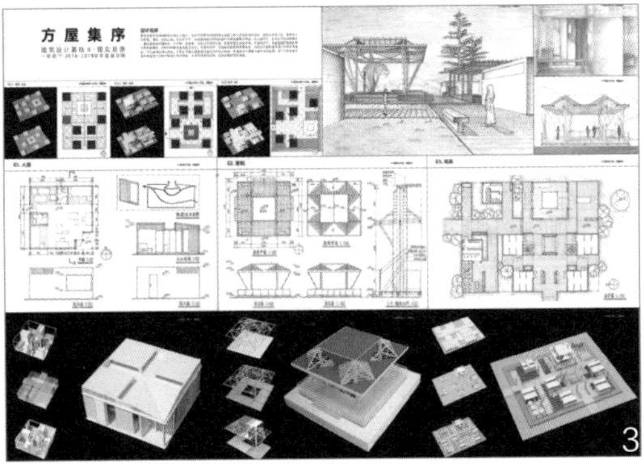
方屋集序
3

城市·场地·建筑——创意工作室集合社区及建筑设计

东南大学建筑学院

扫码点击“立即阅读”，
浏览线上图片

本课题是一年级最后一个课程设计，历时6周。题目是一个在虚拟城市地块中的创意和科技产业园区的设计。每个学生设计一栋楼，具体功能内容可以是设计或科技公司。每个小组的建筑协作形成一个小的邻里社区，六个小组的社区形成一个低密度街区。在这个设计中不仅要讨论建筑设计问题，也要讨论规划、景观和室内空间层面的问题。

1. 教学目的和原则

（1）操作对象抽象化——操作对象模数化、抽象化，通过对设计问题的精简提炼，规避过于开放性的话题，聚焦于空间操作；

（2）多专业融合——引导学生在本设计中体会规划、景观、建筑等几个专业的融合，初步建立空间设计的思维架构；

（3）明确的形式操作原则——将复杂难言的空间形式美问题具体化为明确可操作的原则，并以系列平行辅助练习帮助学生把握设计中的空间形式问题。

2. 场地

本课题场地为虚拟的城市地块，地块的周边条件限定为抽象的城市主干道、次干道、支路及城市河流，这样既有对不同城市空间要素的回应，又避免了对具体对象的开放性探讨。

3. 设计任务

建筑单体的基本几何尺寸是6mx9mx15m，根据该体量摆放姿态的不同有“楼房”“板房”和“平房”三种变化；每栋楼建在15mx15m的基地上，每个小组12个地块组成一个小的邻里社区。如此则使得建筑与场地、单体与单体之间的空间关系既有灵活多变的可能，又可被清晰地界定。

设计的总体进程为总体－地块－建筑单体－主要内外空间，同时各个阶段都会同时涉及规划、景观、建筑、室内等多专业范畴的问题制约。学生在设计中每个阶段都在多专业交集中工作。总体设计阶段中，是小组成员的合作设计。单体设计阶段中，也有相邻、相对等单体之间的相互协调，学生的合作意识及相应工作方法的培养，亦是本课题的教学目标之一。

设计中主要借助于模型的手段来寻找空间概念，这是基于这样的一个假设：即空间的生成来自于对模型材料——体块、板片和杆件的特定操作，空间的特点既取决于要素，也取决于操作。同时，教学中也强调追求手法要素的“纯粹性”，

这样的目的是为在此较为极端的条件下，
我们能够比较容易地讨论要素、空间、
结构和建造之间的内在关系。

优秀作业 1：创意工作室集合社区及建筑设计 设计者：王佳钺
优秀作业 2：创意工作室集合社区及建筑设计 设计者：石佳玉
优秀作业 3：创意工作室集合社区及建筑设计 设计者：邱诗雪

编撰 / 主持此教案的教师姓名：顾大庆
参与教师姓名：马骏华

城市 · 场地 · 建筑——创意工作室集合社区及建筑设计

体块

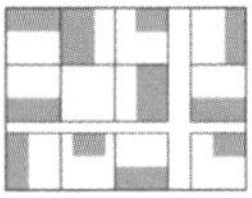

地块

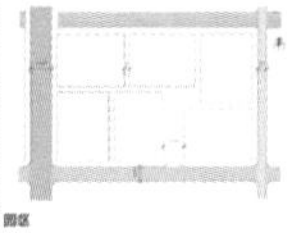

园区

设计起点

课题简要说明：

本课题是一年级最后一个课程设计，历时 6 周。题目是在一个虚拟城市地块中的创意科技产业园区的设计。每个学生设计一栋楼，具体功能内容可以是设计或科技公司。每个小组的建筑形成一个小的邻里社区，六个小组的社区形成一个低密度街区。在这个设计中不仅要讨论建筑设计问题，也要讨论规划、景观和室内空间层面的问题。

教学原则目标：

·操作对象抽象化——操作对象模数化、抽象化，通过对设计问题的精简提炼，规避过于开放性的话题，聚焦于空间操作；

·多专业融合——引导学生在本设计中体会规划、景观、建筑等几个专业的融合，初步建立空间设计的多专业思维架构；

·明确的形式操作原则——将复杂难言的空间形式美问题具体化为明确可操作的原则，并以系列平行辅助练习帮助学生把握设计中的空间形式问题。

教学方法要点：

·操作对象的模数化和抽象化

建筑单体的基本几何尺寸是 6x9x15 米，根据该体量摆放姿态的不同而有"楼房"、"板房"和"平房"三种变化；每栋楼建在 15 米 x15 米的基地上，每个小组 12 个地块组成一个小的邻里社区。如此则令建筑与场地、单体与单体之间的空间关系既有灵活多变的可能，又可被清晰地界定。

地块的周边条件限定为抽象的城市主干道、次干道、支路及城市河流，这样既有对不同城市空间要素的回应，又避免了对具体对象过于复杂的开放性探讨。

·在多专业交集中分阶段工作

设计的总体进程为总体 - 地块 - 建筑单体 - 主要内外空间，且各个阶段都会同时涉及规划、景观、建筑、室内等多专业范畴的问题制约。学生在设计中每个阶段都在多专业交集中工作，以这样的过程帮助学生为跨专业的设计思维建立初步框架。

·设计中的合作与协作

总体设计阶段中，是小组成员的合作设计；单体设计阶段中，也有相邻、相对等单体之间的相互协调，教学中对此加以规范引导，可以培养学生的合作意识及相应的工作方法。

·模型 - 空间的工作方法

在这个设计中，我们要借助于模型的手段来寻找空间概念，这是基于这样的一个假设：即空间的生成来自于对模型材料——体块、板片和杆件——的特定操作，空间的特点既取决于要素，也取决于操作。

·手法纯粹性的强调

在现实的建筑设计中，要实现要素和空间的极致纯粹是非常困难的，我们在日常所见到的建筑一般都是不同要素的混合，既有板片，也有体块和杆件。我们在这个作业中所追求的"纯粹性"主要是出于教学方法的考虑。因为只有在极端的条件下，我们才能够比较容易地讨论要素、空间、结构和建造之间的内在关系。

成果拼合

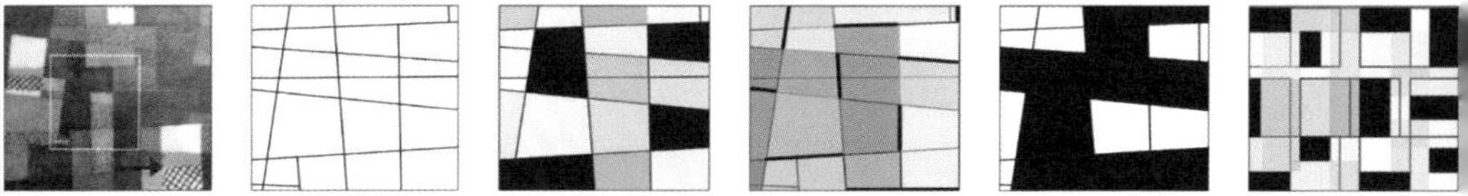

辅助练习

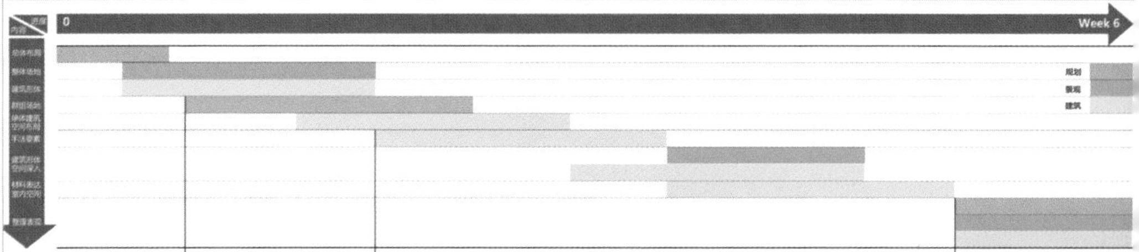

泡沫白模 1:75

花泥模型 1:75

金木模型 1:75

混合材料模型 1:30

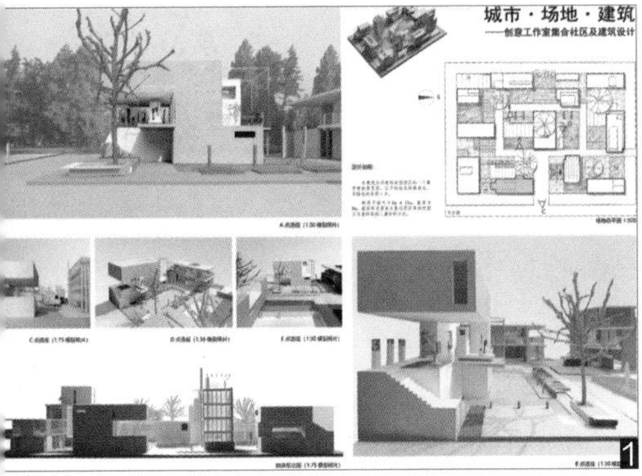
城市·场地·建筑
——创意工作室集合社区及建筑设计
1

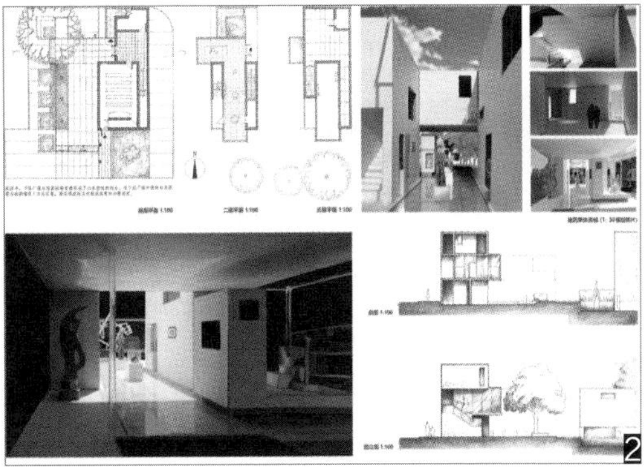
2

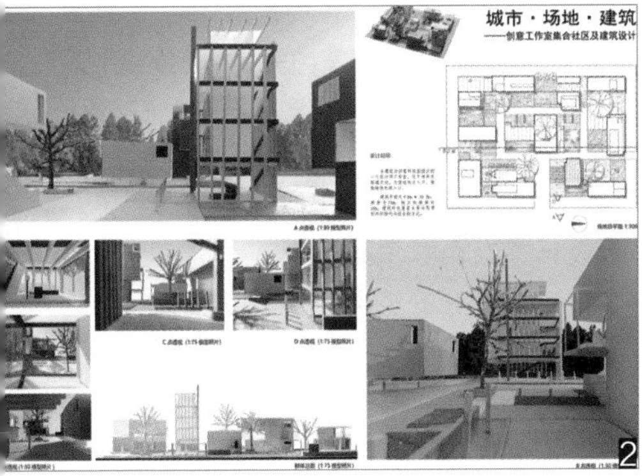
城市·场地·建筑
——创意工作室集合社区及建筑设计
2

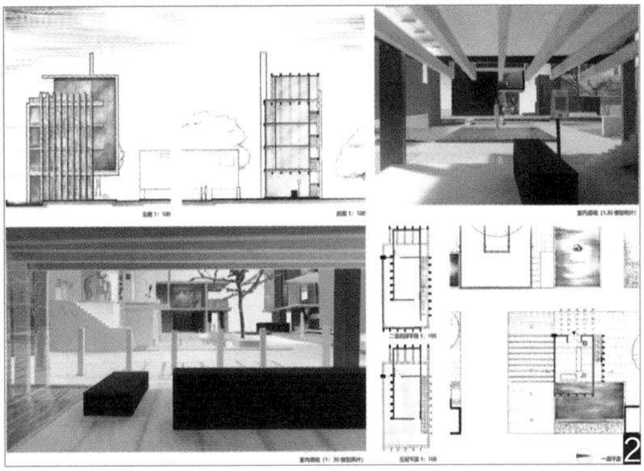
2

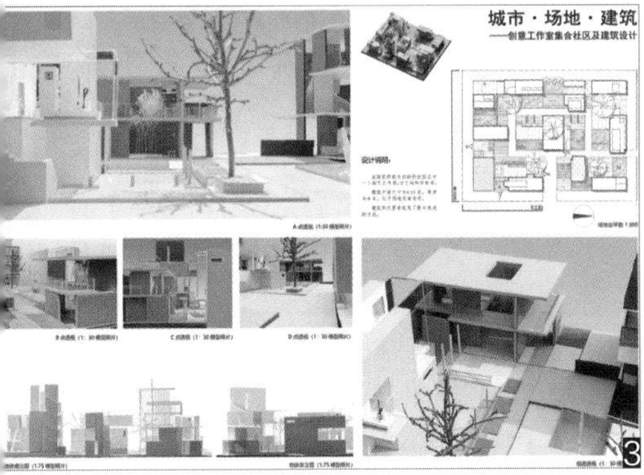
城市·场地·建筑
——创意工作室集合社区及建筑设计
3

3

补园记——中国建筑自律性思考下的空间训练

天津大学建筑学院

扫码点击"立即阅读"，
浏览线上图片

本课题是在一年级传统训练——"空间设计与组合"的基础上演化而来，核心目标是使一年级同学初步掌握建筑空间组织的形式逻辑与构成方法。相较于传统建筑基础训练最广泛采用的基于"九宫格训练"衍生的空间形式训练方法，本课题尝试从中国传统美学(绘画、文学、建筑)原则出发，以中国传统空间原型"园"作为空间操作框架，引导空间组织的形式逻辑生成。在训练学生获得基本空间组织能力的同时，思考并感受中国传统美学法则在建筑空间营造中的价值。

1. 教学特色：以审美感受的培养引导设计训练

课题训练建立在对中国传统审美理解的基础上，因此对于审美感受的培养更重于设计技巧的传授。课题训练过程中着重加强学生对于中国传统审美的感知力，从具象的影像审美、绘画审美逐步过渡到抽象的空间审美，并在园林内开展现场授课，引导学生亲身感受园林中的空间意境。

（1）以练习激发设计理解。通过趣味性的练习环节帮助学生理解抽象审美。

（2）园林现场教学。通过园林现场教学引导学生进行空间细读。

（3）以手绘推动空间构建。通过人视点手绘诱发学生对于空间审美的表达。

（4）研讨式教学评价。中期与终期邀请园林研究者开展研讨式教学评价。

2. 教学方法

为帮助一年级学生理解中国传统空间的美学意义，教案中设置了一套"像－画－境－园"的学习－设计序列。其中像、画、境为三个短练习，园则为最终设计阶段。设计逐渐由具象到抽象，通过三个练习与一个设计的组合学生应能够循序渐进地掌握空间形式生成的逻辑与构成方法。

（1）像（练习 1 周）：观看一部表达中国传统审美的电影，在影像中寻找能够表达东方审美情趣并能触动自己的 4 个场景，思考其中的美学要素。针对每个场景，在 10cmx10cm 视口中绘制一个六面体空间场景人视点透视，并相应制作 10cmx10cmx10cm 六面体模型，将从影像中感知的美学要素在六面体空间中进行抽象，以转译的方式表达自己所理解的场景中的美感或触动。

（2）画（练习 1 周）：根据给定的中国传统绘画，思考其中的画境与美学趣味。选取使自己受到感染的绘画意境，在 10cmx10cm 视口中绘制一个六面体空间场景人视点透视，并相应制作10cmx10cmx10cm 六面体模型，将绘画中的审美意境进行转译。

（3）境（练习 1.5 周）：参观苏州园林，对园林中的空间进行观察与细读。体会园林空间组织与构成方法，以及意境营造的技巧。选取自己核心关注的园林区域，将景观要素进行空间抽象，绘制园林分析图解并制作园林空间转译模型。

（4）园（设计 5.5 周）：本课题将留园的石林小院从园林中切割，余下长宽约为 37.5mx16.5m 的空白场地由学生进行“补园”空间操作。设计需要参考园林空间营造手法，利用现代建筑元素，建构具有中国传统审美意象的空间序列。新设计的空间不需要复现原址石林小院空间意象，可连接留园流线表达新的空间叙事主题。但构建新的空间需延续园林空间意象，并在流线上与“五峰仙馆”及“林泉耆硕之馆”前后连通。

优秀作业 1：补园记——邂逅桃源 设计者：陆禾、刘博川
优秀作业 2：补园记——咫尺 设计者：陈皓琳、吴限
优秀作业 3：补园记——捕微捉隙 设计者：赖珑、郑鑫罯

编撰 / 主持此教案的教师姓名：何蓓洁、袁逸倩
参与教师姓名：袁逸倩、何蓓洁、苑思楠

壹 2019 年级設計作業教案 -1

补园记

中国建筑自律性思考下的空间训练

Space Excercise based on Autonomy of Traditional Chinese Architecture

选题背景与教学定位

本课题是在一年级传统训练——"空间设计与组合"的基础上发展而来，核心目标旨在使一年级同学初步掌握建筑空间组织的形式逻辑与构成方法。相较于传统建筑基础训练最广泛采用的基于"九宫格训练"衍生的空间形式训练方法，本课题尝试从中国传统美学[绘画、文学、建筑]原则出发，以中国传统空间原型"园"作为空间操作框架，借鉴中国画论以及园林研究成果，引导学生学习空间组织的形式逻辑生成。在训练中学生获得基本空间组织的能力的同时，思考并感受中国传统美学法则在建筑空间营造中的价值。

传统空间训练	本课题
操作框架 — 多米诺体系；操作原则 — 构图、构成 → 西方美学	操作框架 — 园[原型]；操作原则 — 画论、园林研究 → 中国传统美学

教学特色

以审美感受培养引导设计训练

课题训练建立在对中国传统审美理解的基础上，因此对于审美感受的培养更重于对于设计技巧的传授。因此课题训练过程中着重加强学生对于中国传统审美的感受，从具象的影像审美、绘画审美逐步过渡到抽象的空间审美。同时在园林内开展现场授课，引导学生亲身感受园林中的空间意境。

在这一过程中，人视点手绘同模型的结合成为帮助学生捕捉准确的空间感受的重要工具。

以练习激发设计理解

通过趣味性的练习环节帮助学生理解抽象审美。

园林现场教学

通过园林现场教学引导学生进行空间细读

以手绘推动空间构想

通过人视点手绘诱发学生对于空间审美的表达

研讨式教学评价

中期与终期邀请园林研究者开展研讨式教学评价

教学目标

作为一年级空间设计训练课题，要求学生获得以下方面能力：

1. 理解什么是空间，掌握空间观察、细读的方法：
   通过现场体验理解空间同人心理感知的关联。从专业视角理解空间的尺度、围合、形态、关联对于空间认知过程的影像。能够辨别空间在功能属性之外的审美属性。
2. 初步理解中国传统审美文化，中西空间审美的差异，探索中国传统审美在空间构成中的表达：
   通过练习理解中西方审美之间的差异。联系个人生活经验激发个人审美表达
3. 基本掌握空间的设计要素与方法：
   掌握空间构成的要素以及要素操作的方法，能够通过模型、平面、剖面草图建立空间想象。
4. 基本掌握空间序列的构成方法：
   理解空间序列的叙事属性，构建空间序列表达具有节奏变化的感知路径。
5. 思考空间的意义。
   理解不同空间感知特性的差异，能够用贴切的空间形式表达设计构思。

课程训练点体系

题目设置

设计内容：

本设计训练由像、画、境、园四个阶段构成，其中像、画，境为三个短练习，园则为最终设计阶段。通过三个练习与一个设计的组合学生应能够循序渐进的掌握空间形式生成的逻辑与构成方法。总设计周期为8周。

课题将留园的石林小院从整体园林中切割，余下长宽约为37.5mx16.5m的空白场地由学生进行"补园"空间操作。设计需要参考园林空间营造手法，利用现代建筑元素，建构具有中国传统审美意像的空间序列。学生可通过阅读中国传统绘画、诗歌、以及其他园林空间确定设计主题，新设计的空间不需要复现原址石林小院空间意向，可连接留园流线表达新的空间叙事主题。但构建新的空间需延续园林空间意向，并在流线上前后与"五峰仙馆"及"林泉耆硕之馆"连通。

成果要求：

作业工作量不少于2张A1图纸，应包含但不局限于以下表达内容：

1.园林解读与转译表达

运用图解解读园林空间审美意象；

应用图解反映空间设计的意图；

2.方案图纸表达

平面图，应包含周边园林的环境场景与出入口连接关系；

空间意境与序列表达的人视点透视图；

表达概念的立面图与剖面图；

3.实体模型制作

包括推敲设计的过程模型，清晰表达空间思设计的概念。

场地：

明清私家园林是中国传统建筑中最极致追寻空间形式美的样本，也是中国传统美学在建筑中体现的集大成者。本课题将设计对象置于苏州园林代表之留园，将留园的石林小院区域从园林中切割，余下长宽约为37.5mx16.5m的空白场地由学生进行"补园"空间操作。

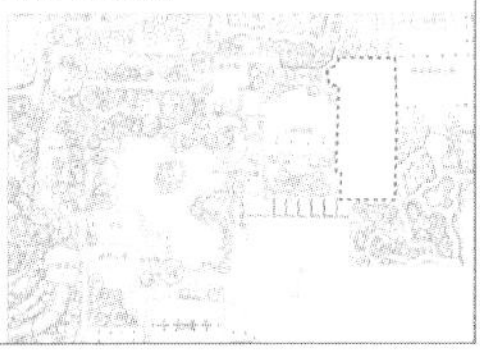

壹 2019 年级設計作業教案 -2

补园记

中国建筑自律性思考下的空间训练

Space Excercise based on Autonomy of Traditional Chinese Architecture

教学方法

像画境园

为帮助一年级学生理解中国传统空间的美学意义，教学设置了一套"像-画-境-园"的练习-设计序列。学生首先从直观的影像到绘画，再到空间，直至空间设计，逐步理解中国的审美文化传统与独特意境。

教学阶段与内容

时间	教学流程与安排	
第一周	授课：中国传统审美观与文化观	10x10训练 学生讲对影像的观感绘制于10cmx10cm画纸上
	研讨对于影像中的中国审美转译	
第二周	授课：中国传统绘画与画论	10x10训练 学生讲对绘画的观感表达于10cmx10cm画纸上
	研讨对于绘画作品中的中国审美转译	
第三周	园林现场课：引导学生理解园林空间审美价值	园林空间图解与分析
	园林空间的现代转译	
第四周	补园之 空间概念与空间原型	
	补园之 空间概念与空间原型	
第五周	补园之 空间结构与秩序	
	补园之 空间结构与秩序	中期答辩
第六周	补园之 空间结构与秩序	
	补园之 空间结构与秩序	
第七周	补园之 空间场域营造	
	补园之 空间场域营造	
第八周	绘图与表达	
	绘图与表达	终期答辩

教学记录

作业点评

学生作业一点评

该方案从留园调研中体味并发现的园林细微之美着手，发展出"捕微捉隙"的设计概念。通过凝练的"域"与"边界"的空间操作手法，完成了基地中空间序列的设计，并将设计重点放在体现细微之美的空间节点上。

学生作业二点评

该方案抓住了古典园林中"步移景异"的游观精髓，设计重点关注了路径上空间体验的创造。在有限的基地中，通过边界空间的挤压，实现了主园与附园在空间尺度上的对比，赋予了主园"桃源"这一中国传统文化中的典型文人意象。

设计作业综述

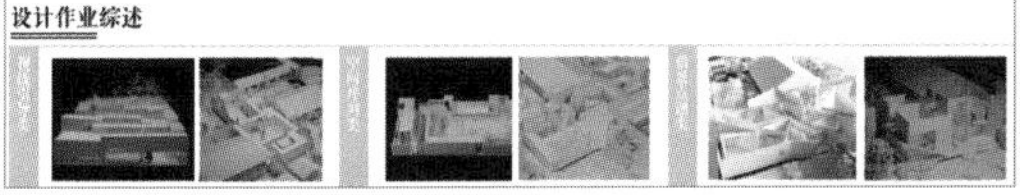

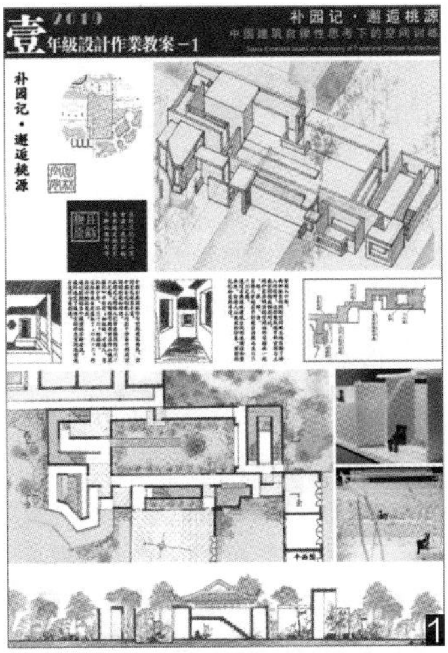
壹 2019
年级設計作業教案-1
补园记 · 邂逅桃源
中国建筑自律性思考下的空间训练

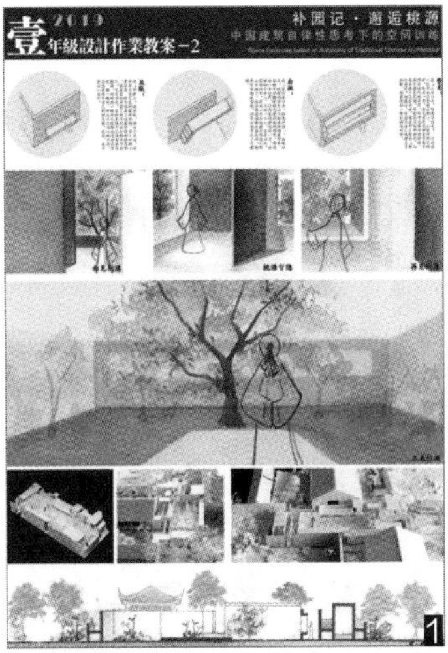
壹 2019
年级設計作業教案-2
补园记 · 邂逅桃源
中国建筑自律性思考下的空间训练

壹 2019
年级設計作業教案-1
补园记 · 咫尺
中国建筑自律性思考下的空间训练

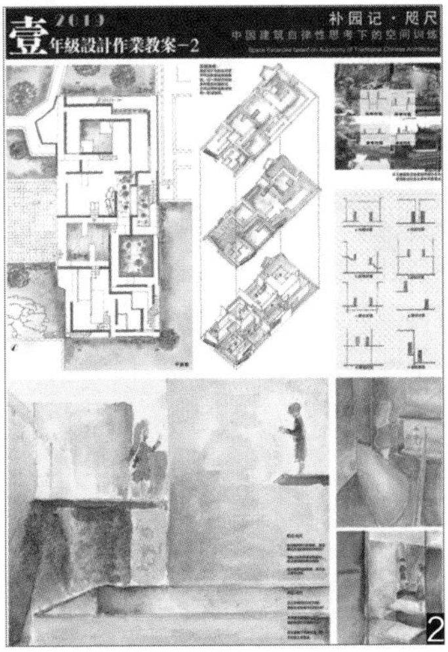
壹 2019
年级設計作業教案-2
补园记 · 咫尺
中国建筑自律性思考下的空间训练

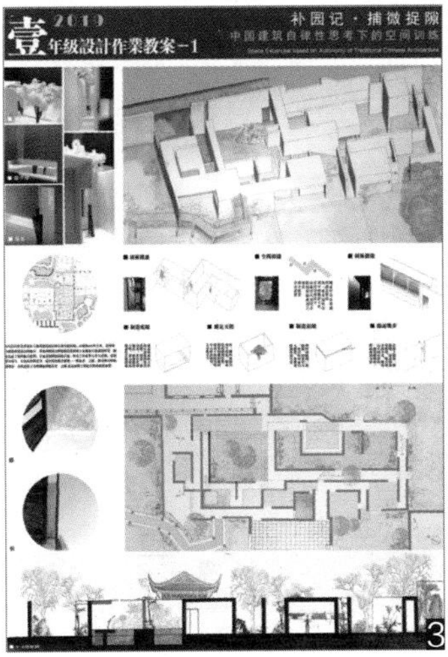
壹 2019
年级設計作業教案-1
补园记 · 捕微捉隙
中国建筑自律性思考下的空间训练

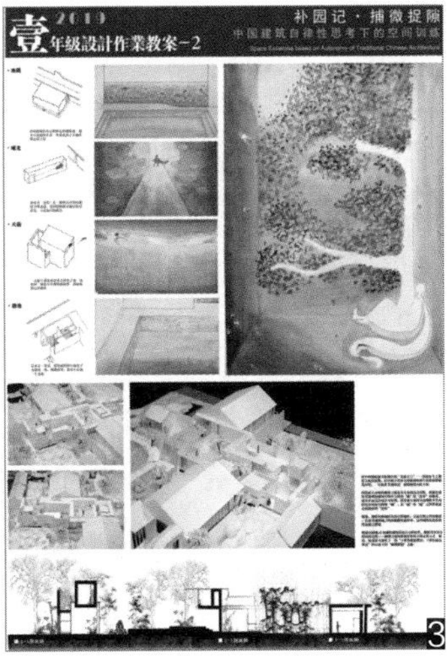
壹 2019
年级設計作業教案-2
补园记 · 捕微捉隙
中国建筑自律性思考下的空间训练

二年级获奖教案及优秀作业

2019 全国建筑院系建筑学优秀教案集

群体空间使用：儿童之家设计

华中科技大学建筑与城市规划学院

扫码点击“立即阅读”，
浏览线上图片

儿童之家设计专题，是本学年前三个课题掌握知识与技能的总结，也是承上启下帮助学生完成从低年级向高年级转换的关键。课题名为“儿童之家”，旨在从传统幼儿园设计的模式化训练，转向探索未来创新型幼儿教育空间。课题所选地块位于校园内原附属幼儿园区域，介于校园内生活区与教学办公区之间，也是从珞珈山自然景观向人工城市环境转换的过渡区域。课题要求学生不拘泥于传统幼儿园设计规范和运营模式，基于幼儿身心发展与活动特点，结合当代创新型教育理念，探索并设计出供150名3~6岁儿童日常活动的“儿童之家”。

1. 教学特色

（1）体验驱动设计过程

设计初期，以多样化探究式体验，促进学生从多角度理解设计任务的内容和教学意图。多样化体验包括：教师开题讲座，理解设计基本要求；幼儿园教师讲座，理解幼儿园运营与教学活动特点；幼儿园实地参观，直观认知幼儿活动特征、室内外活动特点，以及空间与幼儿身体尺度及活动特点的关系；场地调研与案例分析，结合幼儿教育理念研究并理解场地环境、群体空间组织方式。

（2）剧本——事件启发设计概念

设计早期，学生构思“儿童之家”日常活动场景图文剧本。场景包括儿童、教师、后勤、家长等不同群体间互动；活动场景涵盖室内、室外课堂组织或自由活动，进餐与休憩，游戏与运动等日常行为；针对不同场景中各角色的空间需要，构想各空间的基本需求、空间形态特征与空间氛围；结合场地分析与各场景间的时空关联，构思“儿童之家”中的基本活动内容（program），形成设计概念雏形。

（3）图解推动设计深化

设计中期，教师形式生成讲座后，学生以图解（diagram）推动设计深化。对剧本所述事件进行重要性排序，理清主导事件与非主导事件之间的线性排布与群聚关系。将事件关系转译成空间关系图解，结合场地条件投影映射为有尺度的空间关系。调整空间的单体与群体组织，形成设计概念，深化空间设计。

（4）互动式教学评价

设计各阶段，多样化互动方式促进教学交流与经验共享。设计中期，跨组答辩控制设计进度交流设计进展。设计终期答辩，邀请校外教师与建筑师参与评图，整合设计教学与设计社会化实践间的差异，师生双方多方位听取设计与教学意见和建议。设计终期答辩后，由教师提议学生组织参与“设计茶话会”，邀请本次评优学生、高年级学长、跨专业教师等评价设计，推动师生互动，营造学生间切磋设计的氛围。

2. 教学总结

本课题综合前三个专题训练中所掌握的建筑受到人的行为、场地环境、物质材料等要素驱动下形成的设计方法，引导学生关注建筑中不同群体行为的差异，场地所处社区与城市环境，以及特色空间氛围营造等相对复杂要素。帮助学生在综合训练中掌握高年级所需基本知识，形成深入生活、关注社会、放眼未来，创新性解决设计问题的基本取向。

优秀作业 1：儿童之家设计——皮皮的奇幻巡旅 设计者：赵釜剑
优秀作业 2：儿童之家设计：童游庭间——孩子们的小村落 设计者：胡小迈
优秀作业 3：儿童之家设计——纸条条 设计者：冯常静

编撰 / 主持此教案的教师姓名：雷晶晶
参与教师姓名：沈伊瓦、周钰、郝少波、张婷、汤诗旷、李新欣

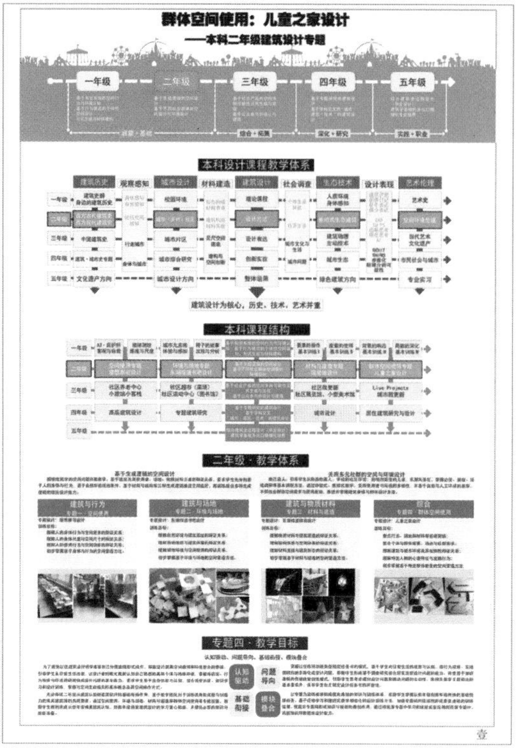
群体空间使用：儿童之家设计
——本科二年级建筑设计专题
一年级
二年级
三年级
四年级
五年级
本科设计课程教学体系
建筑设计为核心，历史、技术、艺术并重
本科课程结构
二年级 · 教学体系
专题四 · 教学目标
壹
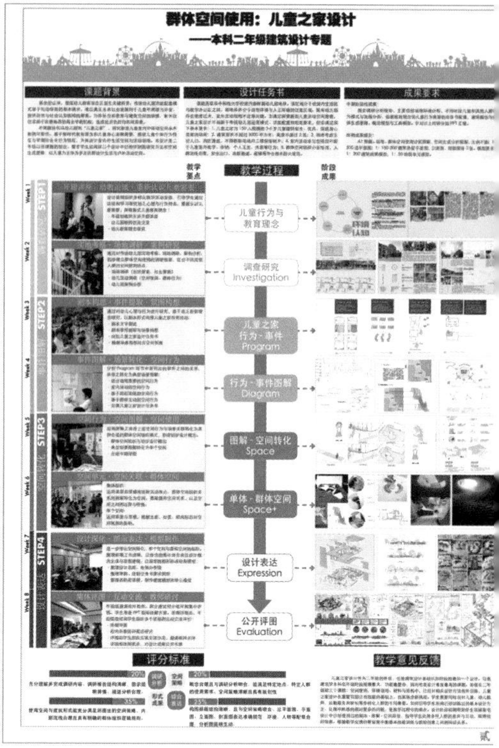
群体空间使用：儿童之家设计
——本科二年级建筑设计专题
课题背景
设计任务书
成果要求
教学过程
儿童行为与教育理念
调查研究 Investigation
儿童之家 行为 · 事件 Program
行为 · 事件图解 Diagram
图解 · 空间转化 Space
单体 · 群体空间 Space+
设计表达 Expression
公开评图 Evaluation
评分标准
教学意见反馈
贰
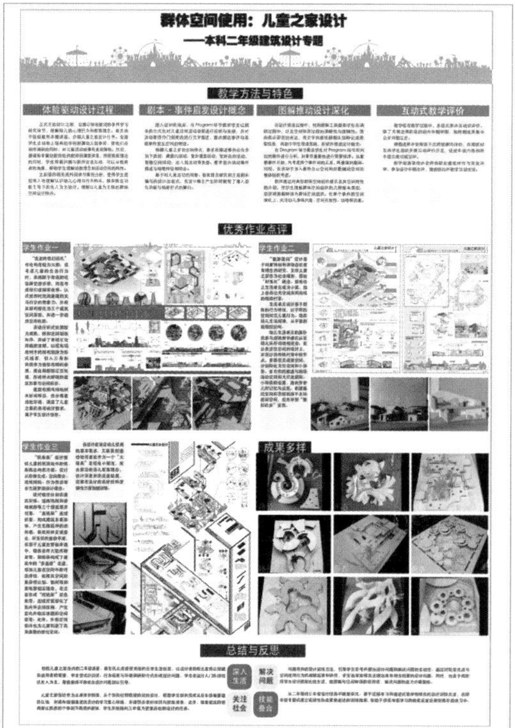
群体空间使用：儿童之家设计
——本科二年级建筑设计专题
教学方法与特色
体验驱动设计过程
剧本 · 事件启发设计概念
图解推动设计深化
互动式教学评价
优秀作业点评
学生作业一
学生作业二
学生作业三
成果多样
总结与反思
叁

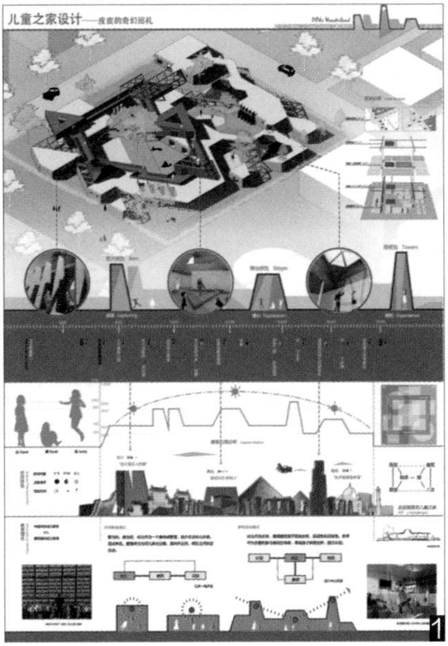
儿童之家设计——皮皮的奇幻巡礼
1

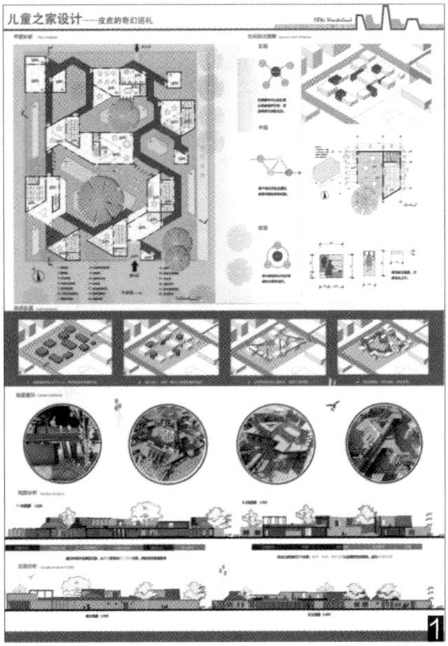
儿童之家设计——皮皮的奇幻巡礼
1

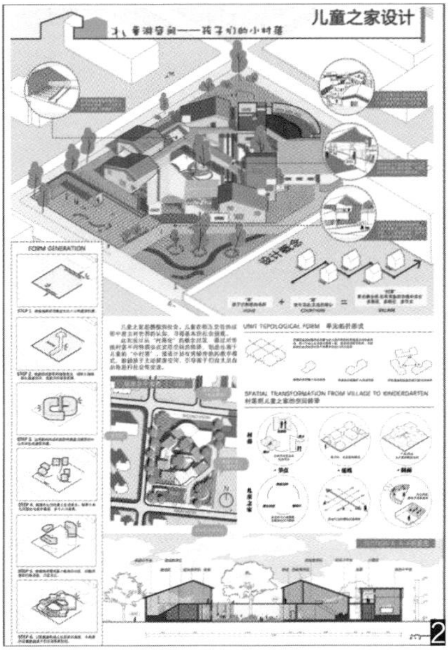
儿童之家设计
儿童游空间——孩子们的小村落
FORM GENERATION
UNIT TOPOLOGICAL FORM 单元形的形式
SPATIAL TRANSFORMATION FROM VILLAGE TO KINDERGARTEN
2

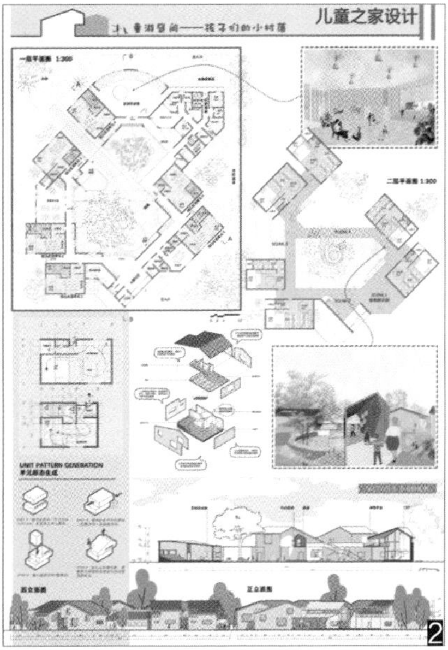
儿童之家设计
儿童游空间——孩子们的小村落
一层平面图 1:300
二层平面图 1:300
UNIT PATTERN GENERATION
单元形态生成
2

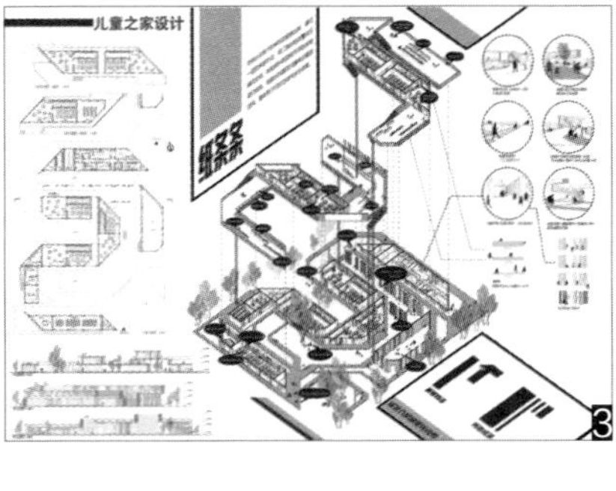
儿童之家设计
3

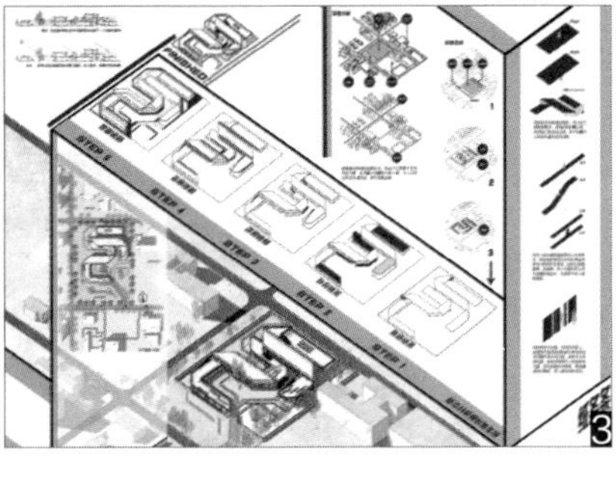
3

折叠街市

北京建筑大学建筑与城市规划学院

扫码点击“立即阅读”，
浏览线上图片

培养学生关注生活体验，引导其从日常建筑与街区空间环境着眼逐步转化为非日常的专业意识与专业行为。进阶过程分为四个阶段：物与我－空间体验，居与宅－功能拓展，形与意－形式延伸，场与构－在场建构。

关注日常空间提升与再造，以及相关设计延伸研究。

1. 掌握建筑设计的基本原则；

2. 掌握空间形态构成的基本要素以及方法；

3. 建立环境与建筑、人与建筑、空间与材料的初步设计价值意识。

通过对日常生活空间的深度认知，剖析其形式背后的原型，通过对原型的解析将其转化为可以被应用的设计语汇，初步建立形与型之间转化的逻辑思维能力，并且有能力解决特定建成环境中的建筑在地设计。

优秀作业 1：折叠街市——胡同海绵 设计者：赵维珩
优秀作业 2：折叠街市——朽木新街 设计者：刘瑞洁
优秀作业 3：折叠街市——完型装置 设计者：徐志豪

编撰 / 主持此教案的教师姓名：王韬
参与教师姓名：王韬、司敏劼

折叠街市

从非正式的社区商业到正式的市民空间

教案部分　本科二年级

教学目标

一年级	二年级	三年级	四年级	五年级
良物匠造	日常非常	场域建构	城市人居	综合运用

物与我　居与宅　形与型　场与他

8周 工作室改造　8周 建筑师自宅　8周 折叠街市　8周 幼儿园设计

教学内容

选题

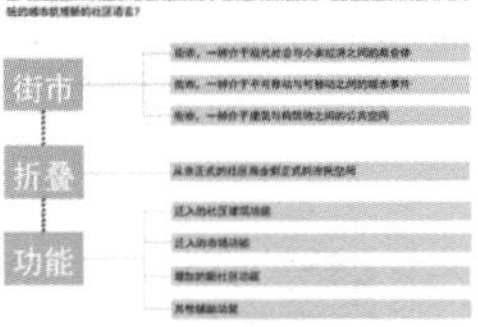

解题

1.对保护与创新的思考

2.对功能与行为的思考

3.对建筑与社区的思考

任务

各功能用房面积分配				
功能房间	房间	面积/间（平方）	间数	面积
迁入的社区建筑功能	五金店	50	1	50
	修车店	50	1	50
	理发店	50	1	50
	裁缝店	50	1	50
	杂货店	50	3	150
	小吃店	50	3	150
迁入的社区市场功能（室外或半室外，不计入建筑面积，结合场地及公共空间设计，可叠合使用）	小型农贸集市	/	/	/
	跳蚤市场	/	/	/
	跳蚤市场	/	/	/
增加的新社区功能	展览	150（包括咖啡厅50）	1	150
	社区教室	150	1	150
	共享健身房	150	1	150
其他辅助功能	管理用房	25	4	100
	公共厕所	25	4	100
	设备用房	25	4	100
	储藏室	10	10	100
	交通楼梯及其他	/	/	150

教学重点

保护与更新

城市范围

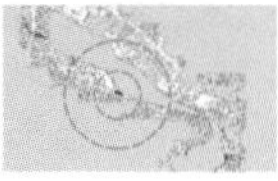

区域范围

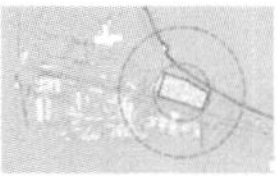

地块范围

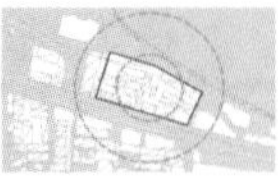

功能与重构

行为采集　空间转译　概念生成

单体与社区

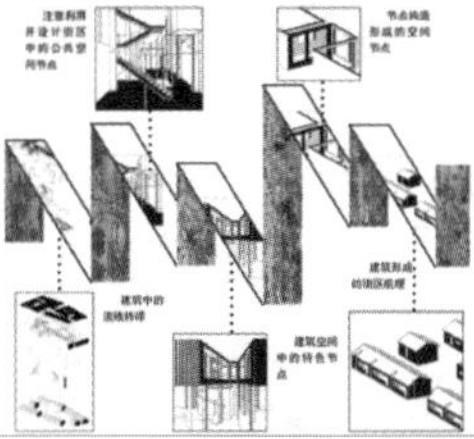

教学方法

教

学

注重实践调研

注重过程推敲

注重成果表达

评

展

析

1

教学安排

教学进度安排

第一阶段 街市的原型解析

通过调研日常生活场景，获取关于行为空间，事件等信息为方案生成作准备。

01周 生活观察

02周 空间图解

03周 原型提炼

第二阶段 街市的空间折叠

基于以上调研信息依次从行为、功能、街市三个方面，剖析街市空间新的存在方式，通过转译、重构实现空间的折叠。

04周 行为转译

05周 功能重组

06周 街市重构

第三阶段 成果表达

通过手绘、水彩渲染与模型制作呈现最终方案成果。

07周 模型表现

08周 图纸绘制

教学过程

街市原型解析

生活观察（第1周）　空间图解（第2周）　原型提炼（第3周）

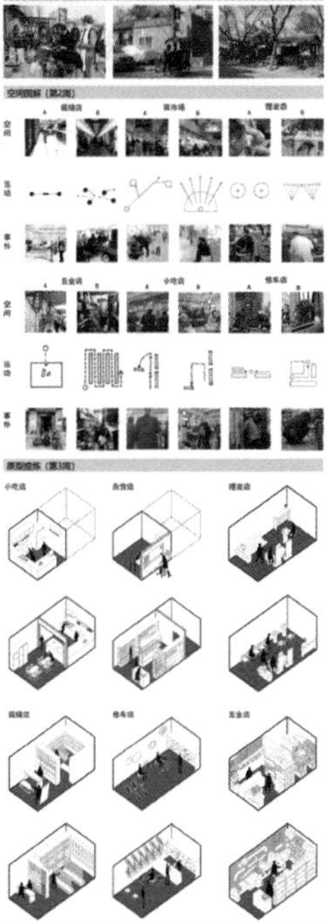

教学过程

街市的空间折叠

行为转译（第4周）　功能重组（第5周）　街市重构（第6周）

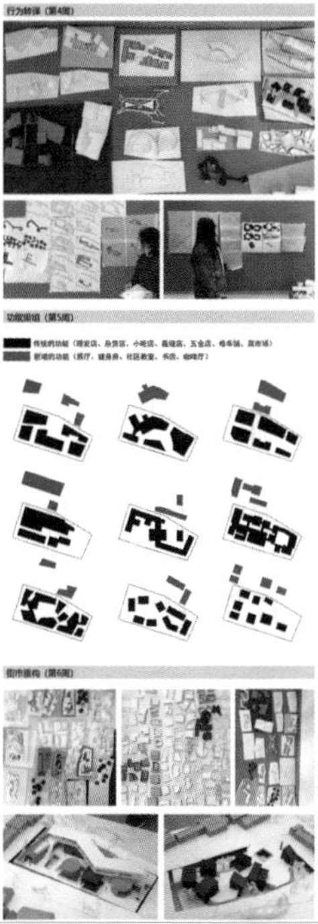

教学成果

成果表达

图纸绘制（第7周）　模型制作（第8周）

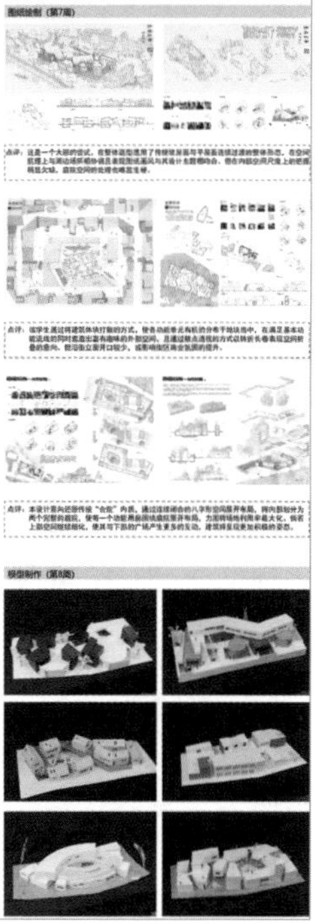

2

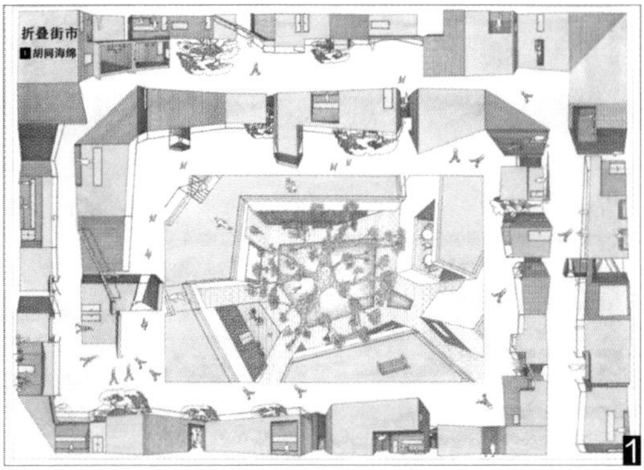
折叠街市
1 胡同海绵
1

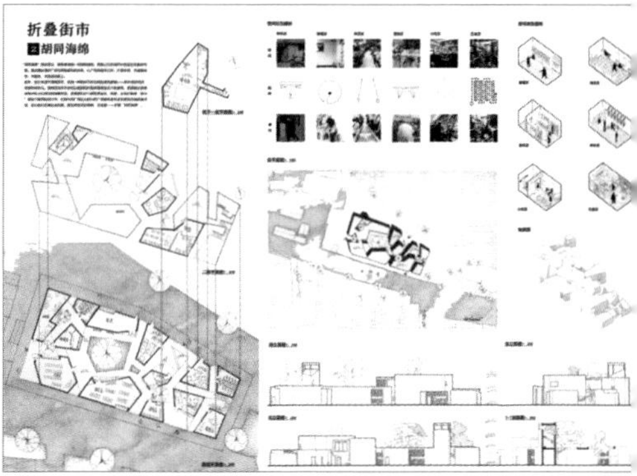
折叠街市
2 胡同海绵

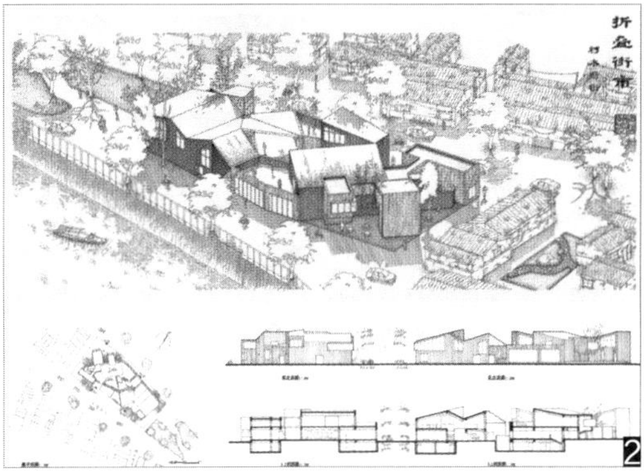
折叠街市
2

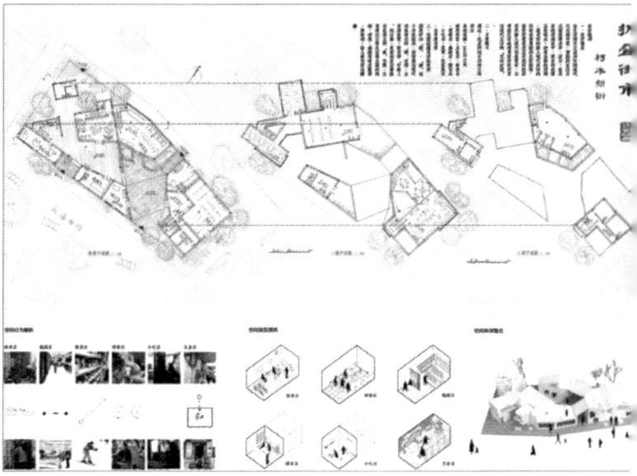

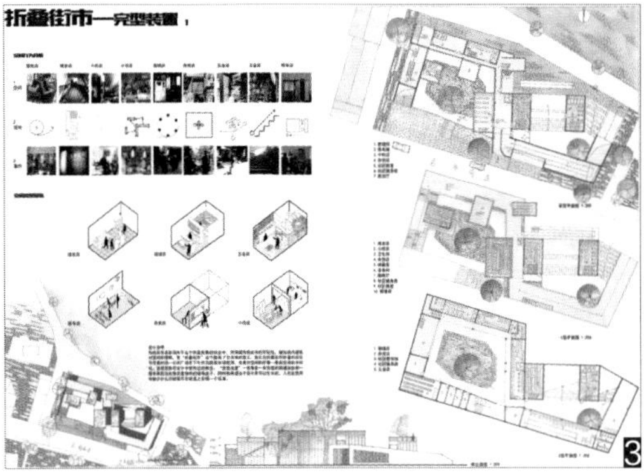
折叠街市—完型装置 1
3

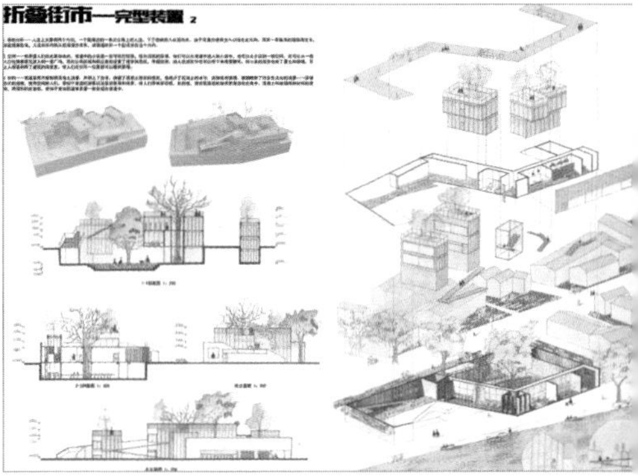
折叠街市—完型装置 2

创新研究型建筑设计教学模式探索——建筑教育的 N 次方

吉林建筑大学建筑与规划学院

扫码点击“立即阅读”，
浏览线上图片

本设计教案以二年级完整的建筑设计主干课程为主线，在培养学生创新构思的前提下强调对学生感性认知的能力培养。近年来，我系建筑学专业二年级课程设计教学进一步加大专题教学改革力度，强化了二年级建筑设计课程在教学体系中起到的承上启下的重要作用，更加注重学生的创新能力培养。

二年级是学习建筑设计的深入阶段，其主要目的是培养学生对中小型公共建筑多功能空间的综合设计能力，更加科学地完成从“初步认知建筑，了解建筑学基本特点，形成初步的专业概念”到“树立正确的建筑设计观念”，形成初步的“空间形态构成概念”的培养任务。

1. 教学目标

（1）通过本课程的教学，使学生具备解决简单建筑设计问题的知识和能力。掌握建筑设计知识、原理和方法，学习建筑技术知识和建筑师职业技能。熟悉人体尺度与建筑空间基本组成，学习对建筑空间的解析，培养建筑设计意识。

（2）通过本课程的学习，帮助学生建立起由平面到立面的空间概念，延伸与扩展对分项设计的思维训练，以及在简单的建筑中将建筑语言综合运用的训练。中小型建筑空间设计中包括了多个功能相同的空间及多个不同功能的空间组合，即建筑由单项转向复杂的空间组合的过渡，建筑类型由浅入深，功能分区由一元向多元转化的三维空间训练。

（3）对建筑形体组合与环境设计相结合的设计思维建立初步认识，逐步培养解决建筑与环境关系的能力及场所设计的观念；掌握平面功能分区、流线组织与空间创作相结合的设计方法，培养学生的空间观念；在课程设计过程中，理解和应用建筑设计的基本理论与方法；掌握中小型单元空间组合设计的规律和设计手法，建立正确的建筑尺度观念；培养以徒手草图手段收集分析资料的能力及表达设计意图的能力；将已学的表现技巧和建筑制图方法运用于设计实践。

2. 教学方法

实现教学目标、教学内容的重要环节。本课程涉及的教学方法有“案例法”“讲授法”“讨论法”与“体验学习法”等，具体会根据教学内容和目标不同采取最合适的教学方法。

在本课程的授课中主要采用“案例

法”，因为这种教学方法能够拓宽学生的思维空间，增加学习兴趣，提高学生的能力。具体实施可通过以下几个方面：

（1）通过引入“典型案例”增加学生对问题的关注度，提高学生的兴趣；

（2）引导学生思考如何解决问题，使学生主动提出解决方案；

（3）给学生讲解“分析问题、解决问题”的思路方法，说明与本次课程的关系，从而引入教学内容，进行讲授；

（4）强调本次课程的重点及学习本次课的目的，同时提出课后思考问题或布置相关案例搜集汇报任务。

在具体实施过程中，由于每届学生特点略有不同，根据内容需要可通过在部分教学过程中穿插讨论或学生讲授部分内容等，提高整体的学习效果，促进毕业要求指标点的达成。

3. 任务书命题

设计命题采用真实地形和项目，真题假做（售楼处、留学生公寓）兼顾假题真做（公园服务亭、幼儿园），以此激发学生协作和交流的主动性，营造多维度的专业学习环境，巩固建构知识的基础，为拓展未来的深入化专业执业教育做铺垫。课题设计结合我校新校区内外的大学城区域发展规划，涵盖中小型公共建筑和居住建筑，满足教学需要。同时以学年阶段为主题，以学期阶段为框架，以教学单元为模块，通盘考量进行整体性教学安排，拟定具体题目以求达到系统完整的思维分析、概括、综合、优化，并在满足客观约束的前提下，逐步形成个性化的创作意识。

教学总结：

本教案已经执行了一个周期，取得一定的效果，但也存在一些问题。

设计作业要求学生们实地调研，并根据个人调研情况，进行调研成果分析，有一定难度，但也可以从中看出学生们学习的主动性，调动他们学习的积极性。通过对实体建筑的调研、分析与设计，使学生了解建筑设计的工作方法，基本掌握了工作流程和内容，训练综合的设计能力。学生们感受到了不同的学习方法，兴趣较高。

从整个设计环节来看，前期调研学生们自主能力较强，可以挖掘很多宝贵的信息。但后期设计当中深入设计有困难，很多同学仅停留在个人的想法中，进一步落实到设计图纸上时，显得力不从心。主要是全面的综合设计能力还不足，尚需进一步锻炼。最后在设计图纸的表现上也存在明显的问题，尤其是在总平面和平面图中。

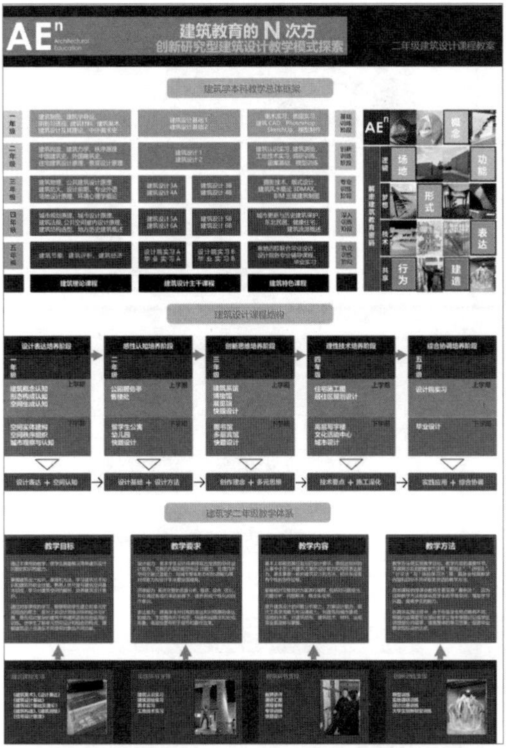

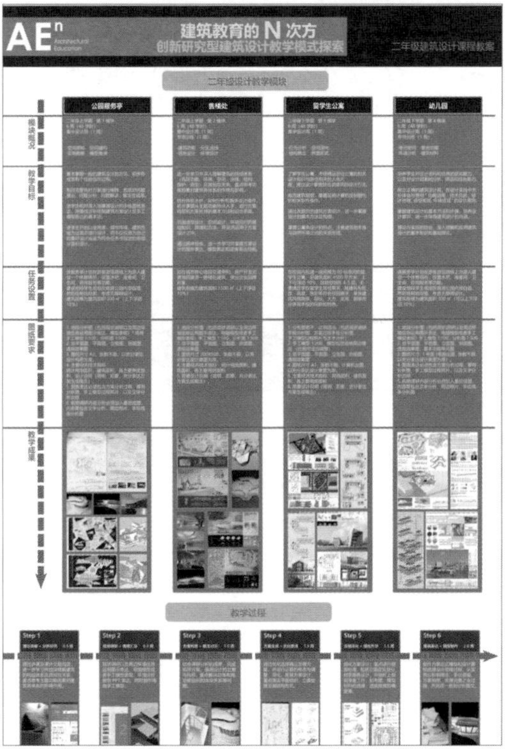

优秀作业 1：留学生公寓建筑设计——MANFRED

设计者：戴沈周

优秀作业 2：留学生公寓建筑设计——券・视界

设计者：谷元振

优秀作业 3：幼儿园建筑设计——太阳的后裔置

设计者：戴沈周

编撰 / 主持此教案的教师姓名：宋义坤

参与教师姓名：金莹、于奇、常悦、周春燕、张萌、杨雪蕾、李春姬、周洪涛、王春晖

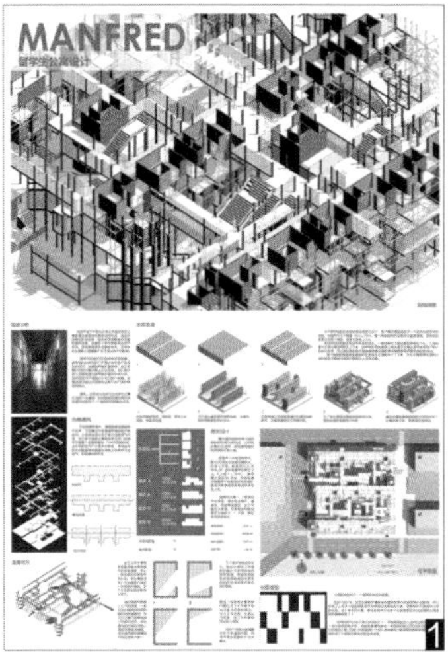
MANFRED
1
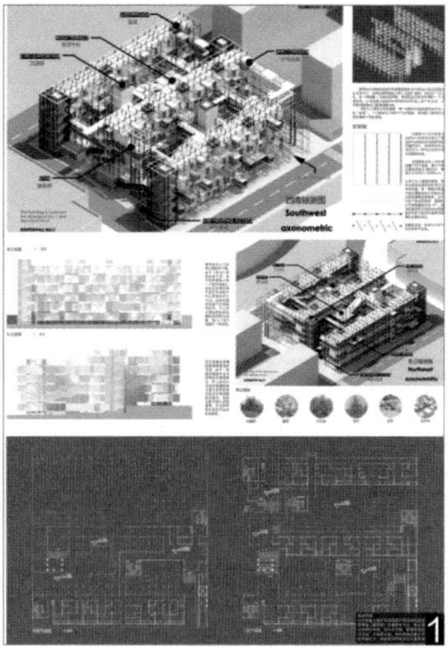
Southwest
axonometric
1

券·视界
Template
Division
Implantation
Stereotype
Monomer Composition Analysis
Audience Analysis
Site Analysis
2
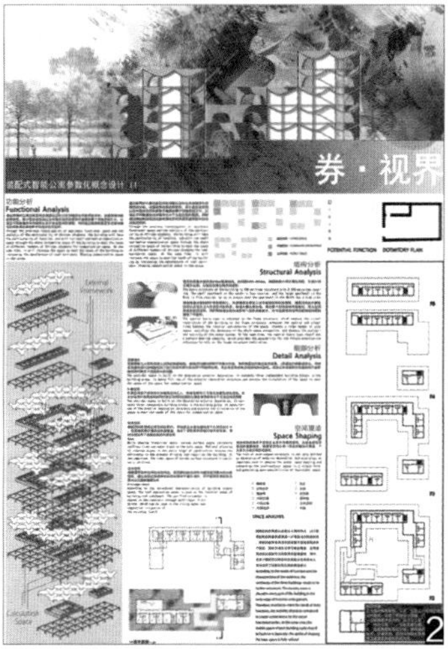
券·视界
Functional Analysis
Structural Analysis
Detail Analysis
Space Shaping
2

DESCENDANTS OF THE SUN
太阳的后裔
ELEMENT EXTRACT
TERRAIN
UNIT
COMBINATION
INTRODUCTION
LOCATION ANALYSIS
3
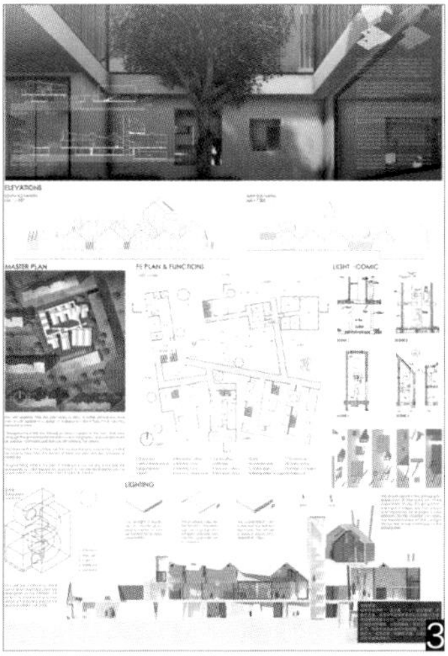
ELEVATIONS
MASTER PLAN
LIGHTING
3

功能＋形象＋环境＋技术＋综合——二年级下专业基本能力的进阶训练

哈尔滨工业大学建筑学院

扫码点击“立即阅读”，浏览线上图片

本教案为二年级下学期建筑设计教案，课时为96设计学时+2周课外集中周，该课程处于整个教学环节中重要的基础阶段。二年级建筑设计的整体定位和核心目标为建筑专业基本能力的建立，下学期是专业基本能力的深化训练。教学内容，以及教学方式的建立主要是基于对专业基本能力内容的系统解读。在此基础上教学框架确定为分阶段递进式的方式，即在上学期为：功能与空间、形态与空间、环境与空间三个部分的递阶训练；下学期为技术与空间、综合训练两个部分的递阶训练。在任务书设计方面下学期两部分内容既独立又形成整体关系。第一阶段以旧桁架和砖材料的利用为核心要求，教学目标旨在促使学生建立结构和材料的技术概念，并有意识地学习通过结构和材料表达空间特质的设计方法；第二阶段为同一场地的扩建项目，以青年建筑师对空间的特质性要求、与一期建筑对应关系，以及结构布置和砖材料应用为核心要求，旨在通过综合制约条件的限制，深化训练学生的专业基本能力。教学过程细分模块化教学内容，结合多种教学方法，引入课外教师，以期实现更高的教学效率。

优秀作业1：RED WAY——红砖地 设计者：秦梧淇
优秀作业2：桁架空间（一）+桁架空间（二）设计者：顾健
优秀作业3：WALKWAY PLAZA 设计者：万梓琳

编撰／主持此教案的教师姓名：徐洪澎
参与教师姓名：陈旸、梁静、吴健梅、孟琪、韩昀松、白小鹏、卞秉利

功能+形象+环境+技术+综合

二年级下专业基本能力的进阶训练

专注基本能力

基本能力的清晰解读；目标导向的设计要求；进阶式的训练过程

提升教学效率

模块化的教学内容；多专业的教师参与；多维的教学方法

1、课程定位

二年级是专业基本能力建立的起始阶段，一定程度决定了学生的专业发展潜力。近年来，在信息时代影响下，这一阶段教学越发体现了其在教学体系中的重要性。
本教案展示的是二年级下学期设计课程，共96设计学时。教学的核心任务是专业基本能力建立的深化训练，借由两个阶段完成的一个相对整体的设计任务以实现教学目标。

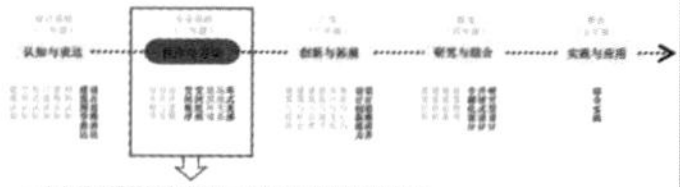

二年级设计课程的首要目标：建立坚实的专业基本能力

2、基本能力内容解读

3. 教学框架及训练内容

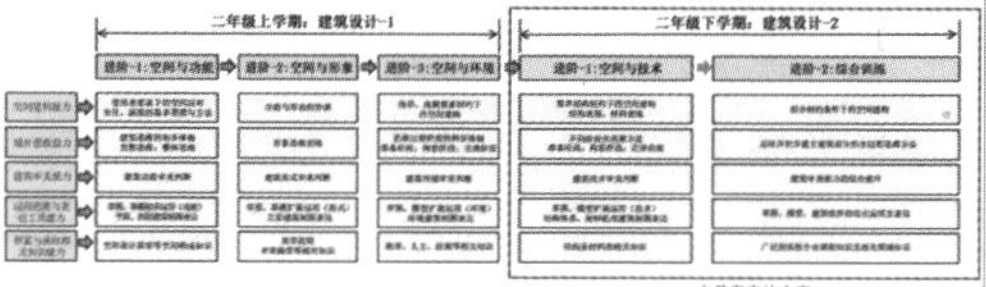

本教案表达内容

4.设计要求

进阶-1：空间与技术　　　　**进阶-2：综合训练**

进阶-1：空间与技术

- 设计题目：青年建筑师展馆
- 地段：科技园区实际地块2块，任选其一
- 面积：700平方米±10%
- 场地：预留二期用地
- 房间配置：按照任务书房间列表完成
- 表达：空间拆解图，模型等
- 技术要求：
  1. 将某拆迁的旧厂房构架用于新的设计之中
  2. 墙体以砖为主要材料

建立结构概念，体验结构与材料在空间建构中的作用

进阶-2：综合训练

- 设计题目：青年建筑师创新创业中心
- 场地：设计阶段-1地段中的预留场地
- 面积：2000平方米±10%
- 房间配置：按照任务书房间列表完成
- 表达：空间拆解图，模型等
- 功能要求：青年建筑师的特殊空间需求
- 环境要求：重点考虑一期建筑间的环境关系
- 技术要求：明确的结构体系与砖材料的创新应用

协调多维度问题下的基本能力综合训练

5.教学过程

进阶-1：空间与技术　　　　**进阶-2：综合训练**

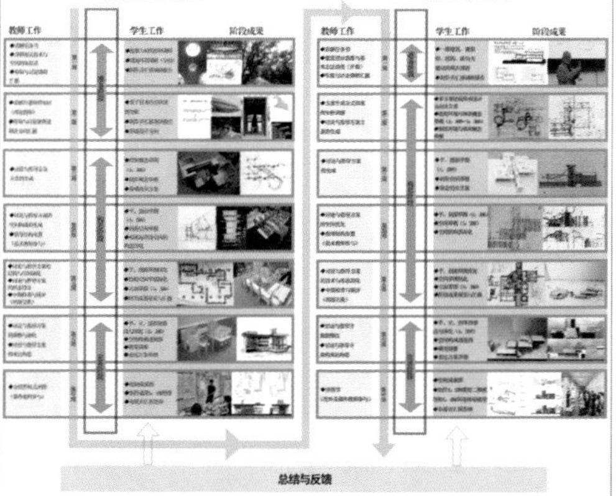

总结与反馈

6.作业点评

进阶-1：空间与技术　　　　**进阶-2：综合训练**

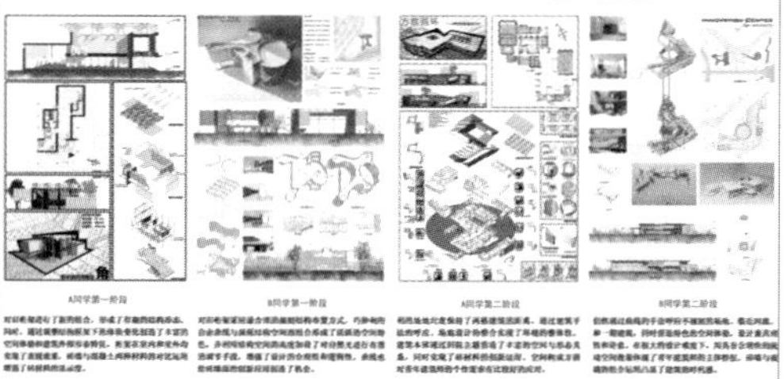

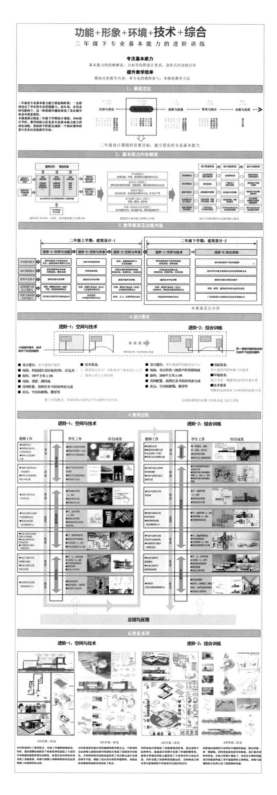

A同学第一阶段　B同学第一阶段　A同学第二阶段　B同学第二阶段

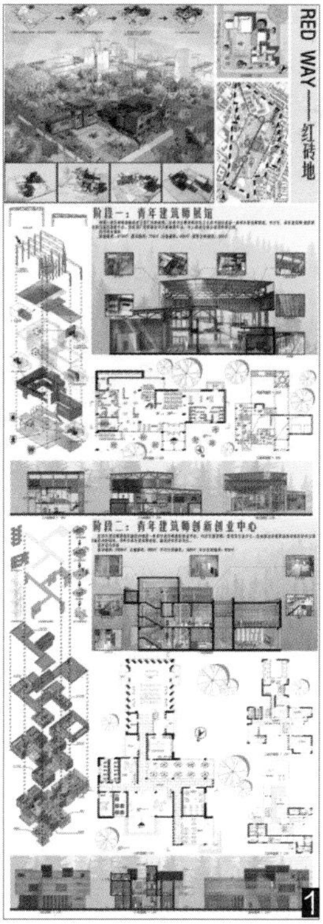
RED WAY——红砖地
阶段一：青年建筑师展馆
阶段二：青年建筑师创新创业中心
1

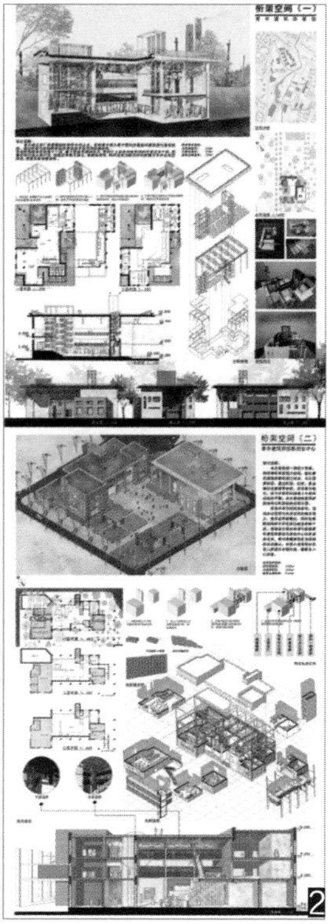
桁架空间（一）
桁架空间（二）
2

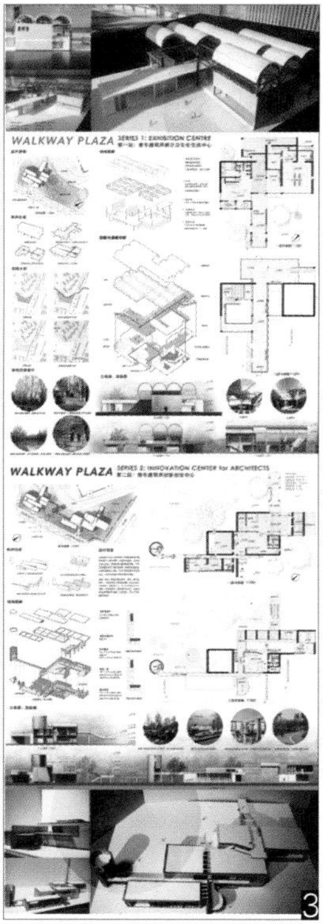
WALKWAY PLAZA SERIES 1: EXHIBITION CENTRE
WALKWAY PLAZA SERIES 2: INNOVATION CENTER for ARCHITECTS
3

建筑设计 1 / 艺术家工作室设计

中央美术学院建筑学院

扫码点击“立即阅读”，浏览线上图片

优秀作业 1

设计构思：基地位于北京酒厂艺术区内，艺术家工作室集聚；东南向与其他建筑相连，北面为停车场空地，西面沿街。本设计从业主艺术家本人创作的水墨、剪纸等传统艺术出发，选择“框景中的光影”概念，结合植物和多方位、多时段的日照分析，在空间中置入带有不同尺寸矩形洞的片墙。在特定的视点下，植物形成的光影斜映在墙上，由白色片墙的洞框出景致，墨色的影子如同装裱好的水墨画，分布在各个功能的不同空间中。

主要经济技术指标

建筑高度：9m

总建筑面积：约 402m^2

建筑密度：约 75%

优秀作业 2

设计构思：建筑基地位于北京望京酒厂艺术区一隅，毗邻众多艺术家工作室及画廊。西侧沿街，北面有停车场，场地周围植被较为丰富。建筑作为小说作家的工作室及生活空间使用，根据业主的喜好以及对空间功能的需求而分为了不同体量的独立形态，满足了业主注重隐私的需求。中间的矩形庭院角度倾斜，并延伸出通往室外街边及停车场的两条道路，同时与周围花坛等景色形成对景。屋檐向内压低，进入时产生不同的空间感受，不同的层高也满足了特定空间的采光。建筑主要探讨的是建筑与环境，人与环境的关系。

主要经济技术指标

建筑高度：8.05m

总建筑面积：约 380m^2

建筑密度：约 70%

优秀作业 3

设计构思：本课题设计基地位于北京酒厂艺术区内，院内聚集很多艺术家工作室和部分文化机构。东向南与其他建筑相连，北面为停车场空地，西面沿街。作品设计从人体的使用尺度出发，以 3×3×3 的体块为单元格，通过在单元格内分割 3 这个单元，研究在 3 的不同倍数的高度与宽度下人可以怎样使用，同时通过多个单元格的排列组合，产生不同类型和功能的空间，让人在使用的过程中能拥有良好的体验感受。

主要经济技术指标：

建筑高度：9m

总建筑面积：约 297 m^2

建筑密度：约 30%

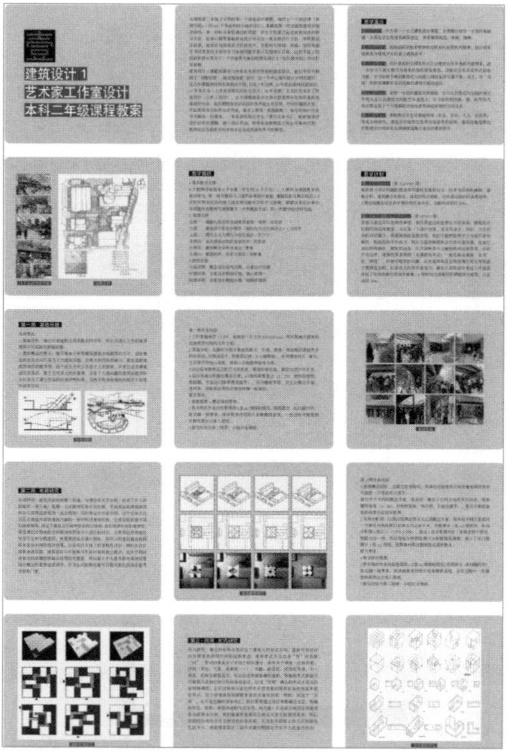

优秀作业 1：艺术家工作室设计
设计者：钱慧彬
优秀作业 2：艺术家工作室设计
设计者：王金山
优秀作业 3：艺术家工作室设计
设计者：熊菀婷

编撰 / 主持此教案的教师姓名：
吴若虎
参与教师姓名：吴若虎、王环宇、刘斯雍、韩文强、曹量、刘焉陈、范尔蒴、朱宁宁

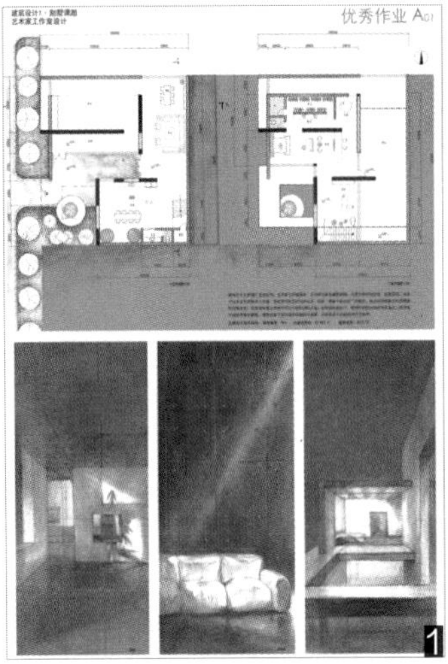
建筑设计1 · 别墅课题
艺术家工作室设计
优秀作业 A01
1

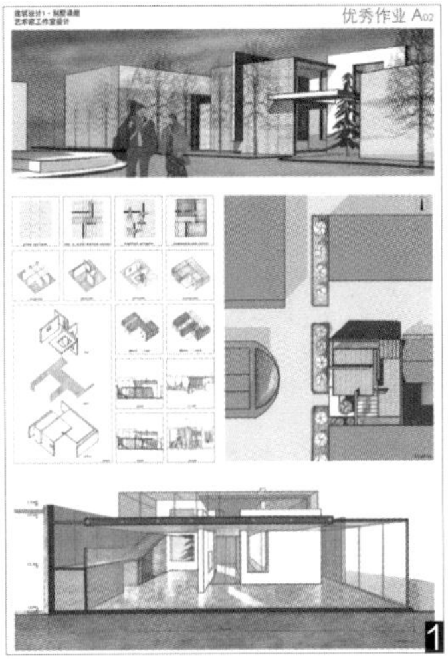
建筑设计1 · 别墅课题
艺术家工作室设计
优秀作业 A02
1

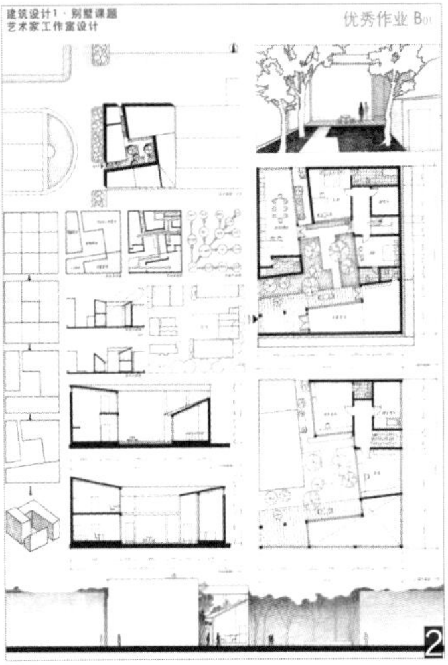
建筑设计1 · 别墅课题
艺术家工作室设计
优秀作业 B01
2

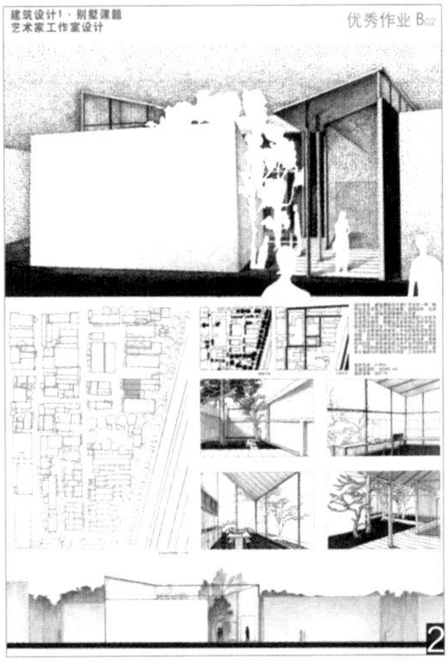
建筑设计1 · 别墅课题
艺术家工作室设计
优秀作业 B02
2

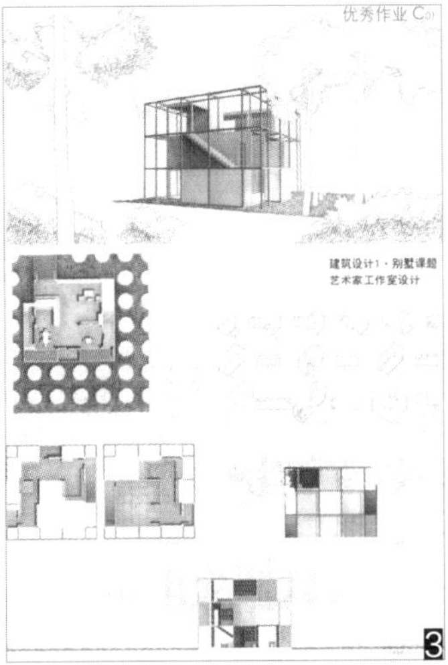
优秀作业 C01
建筑设计1 · 别墅课题
艺术家工作室设计
3

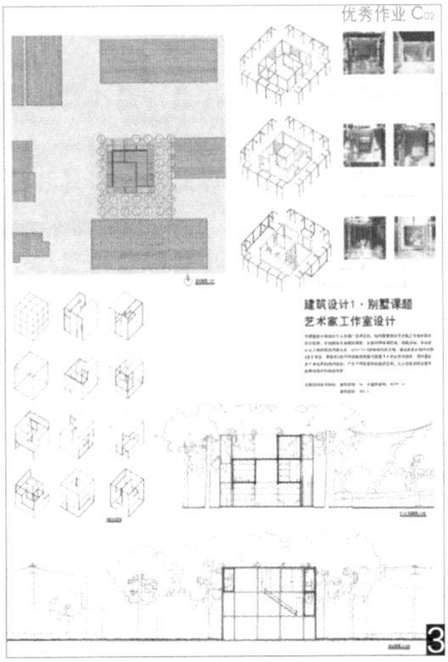
优秀作业 C02
建筑设计1 · 别墅课题
艺术家工作室设计
3

“日常生活”范式的空间建构

湖南大学建筑学院

扫码点击“立即阅读”，
浏览线上图片

二年级是建筑设计的正式入门阶段，结合二年级教学的关键问题——“日常生活”范式的空间建构，我们设置了2个大阶段以及4个作业训练单元。

2个大阶段：阶段一发现“日常生活”与阶段二“日常生活”范式的空间建构。

4个作业训练单元：“类型人群分析与物品重构”（二上）“校园服务空间设计”（二上）“实体搭建——从被遗忘的角落开始”（二下）“国际青年旅舍设计”作业训练单元（二下）。

其中，阶段一，发现“日常生活”的教学关键词为：人群、场地、概念，强调提出问题、分析问题的批判性思维的培养与训练。为此，设置“类型人群分析与物品重构”的作业单元。

强调从人群、场地、概念三者共同切入设计，以建构基于类型人群的场地认知与概念建立的设计思维以及设计方法。

阶段二，“日常生活”范式的空间建构为跨上、下两学期的教学组织，考虑二年级上学期建筑设计启蒙、与三年级走向城市设计的关键过渡学期，基于建筑学专业的特点，在阶段一基础上，二年级上学期以单一形体与空间组织为教学重点，二年级下学期以实体搭建的建构训练及青年旅舍设计作为单元空间组织的教学依托。教学关键词为：材料认知、建筑语言、空间建构。在提出问题、分析问题的基础上，进一步强调重置问题、解决问题的创新思维能力的培养。据此设置“校园服务空间设计”（二上）、“实体搭建——从被遗忘的角落开始”（二下）、“国际青年旅舍设计作业训练单元”（二下）。

强调在集体居住的生活情境下，从社区这一中观层面出发，分别审视实体搭建场地的社区属性与青旅本身特殊的社会属性。教学涉及选址、功能配置、材料认知、设计与落地的差别。并通过实体搭建与青旅两个作业单元的设置，使学生经过学习对场地外在力量（区域与场所的力）与内在力量（人群与场所的力）的观察与分析方法，通过总结行为、场所、社区、空间模型，探究单元体如何通过从人群需求出发的变形与排列组合中寻找空间组合、渗透的可能性，并对场地及社区中“力”的制约进行呼应以形成面向社区的不同表情，达成“叙事性呈现日常生活”的空间单元组织训练的教学目标。

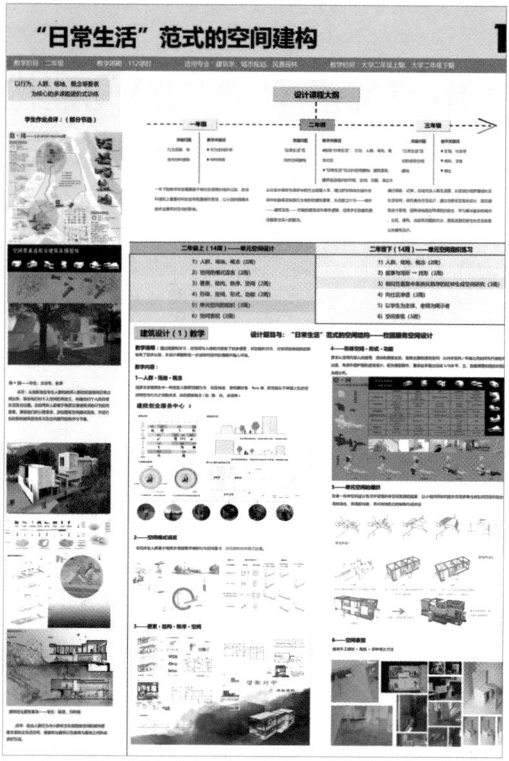

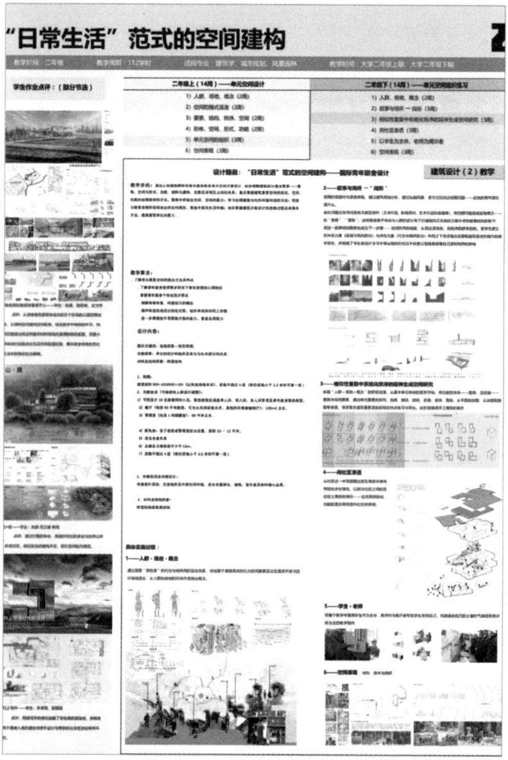

优秀作业 1：“日常生活”范式的空间建构——校园服务空间设计——望衡对宇 设计者：武文忻、韩笑

优秀作业 2：“日常生活”范式的空间建构——国际青年旅舍设计——原巷 设计者：兰子千

优秀作业 3：“日常生活”范式的空间建构——国际青年旅舍设计——原驿 设计者：陈潇、肖玉凤

编撰 / 主持此教案的教师姓名：苗欣

参与教师姓名：苗欣

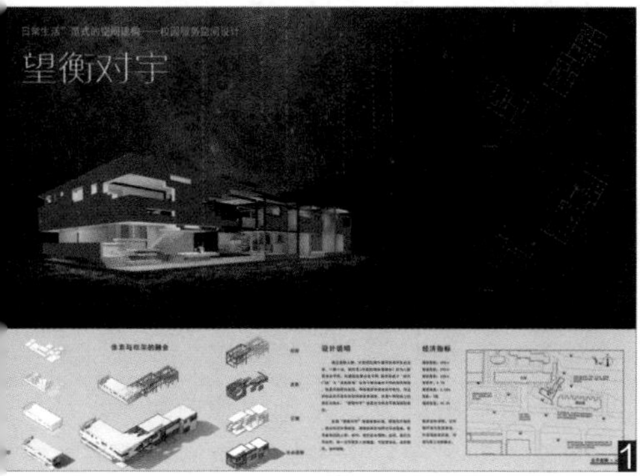
望衡对宇
1

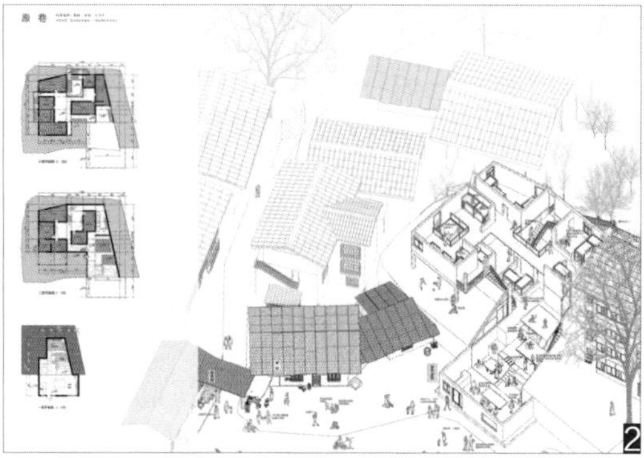
原 卷
2

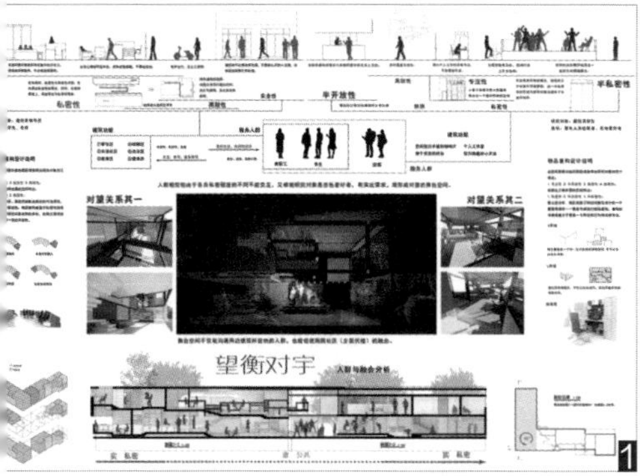
对望关系其一
对望关系其二
望衡对宇
1

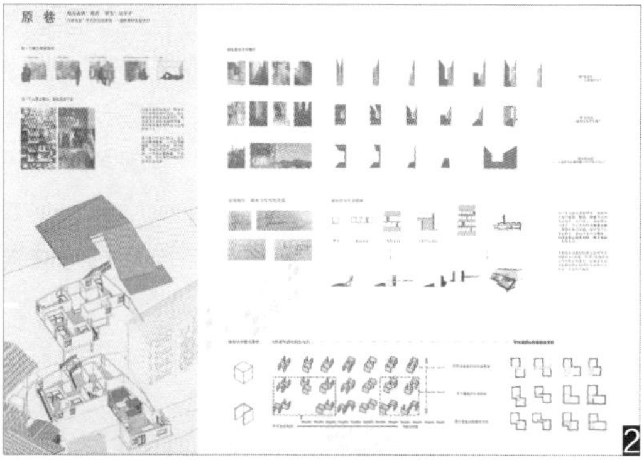
原 卷
2

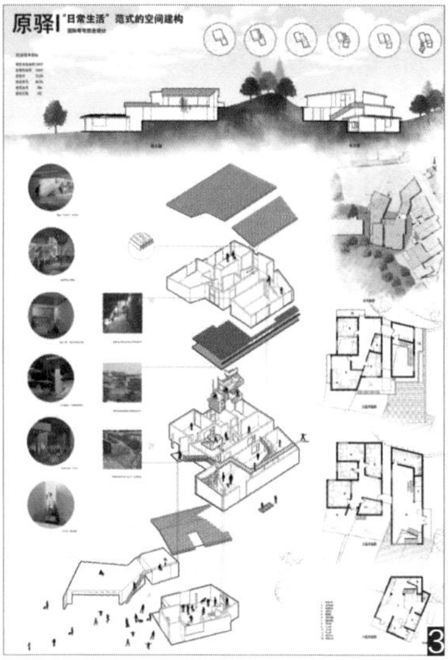
原驿
“日常生活”范式的空间建构
3

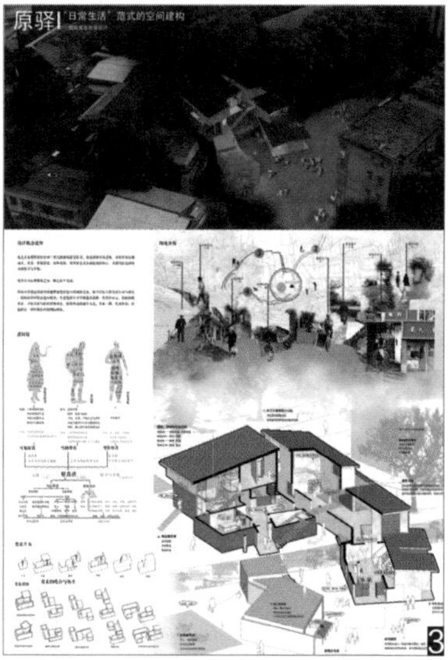
原驿
“日常生活”范式的空间建构
3

基于文化认知的城市社区活动中心设计教案

厦门大学建筑与土木工程学院

扫码点击“立即阅读”，
浏览线上图片

为满足厦门老城居民日益增长的文娱活动需求，以及深入理解地域建筑文化对于传统街区的城市形态与建筑形态生成演化的内在作用，拟在厦门市区内某传统街区择址建造具有单一或多元主题创新的社区活动中心一座，以服务本地居民休闲文化生活需求，并适度提升区域整体的城市品质与价值。用地选址依据调研成果自行确定，用地面积 5000m^2。场地设计需考虑整合基地周边城市更新整体策略。总建筑面积 3000m^2，依据活动策划方案合理拟定任务书与具体房间构成。项目策划需着重关注问题解决导向，设计概念需适度考虑可持续发展需求与地域性适宜技术的结合。

优秀作业 1：渔港食趣——厦港社区活动中心设计暨沙坡尾船舶修造厂改造与更新
设计者：范梦凡
优秀作业 2：廊乡——厦门市大同路社区活动中心设计 设计者：张崟
优秀作业 3：边园——厦港社区活动中心设计 设计者：王思涵

编撰 / 主持此教案的教师姓名：宋代风
参与教师姓名：李立新、林育欣

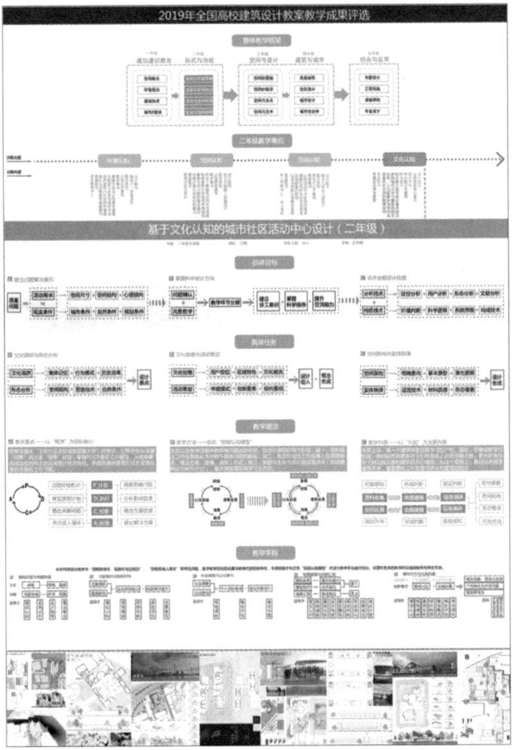
2019年全国高校建筑设计教案教学成果评选
整体教学框架
二年级教学单元
基于文化认知的城市社区活动中心设计（二年级）
总体目标
具体任务
教学理念
教学手段

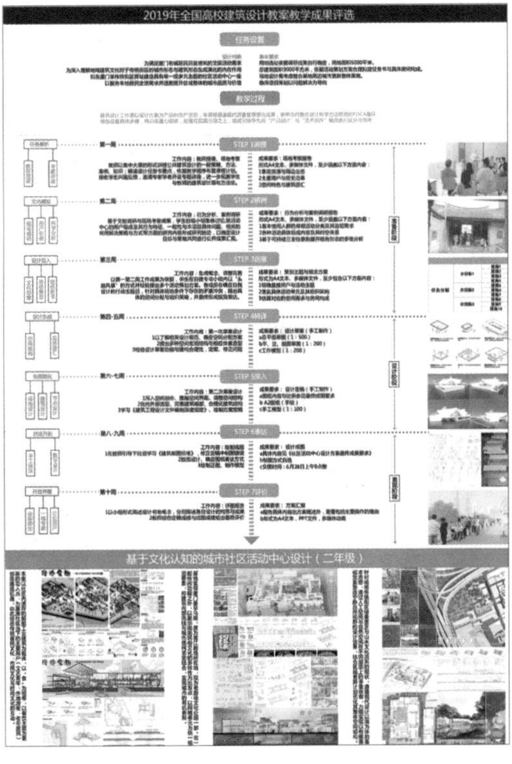
2019年全国高校建筑设计教案教学成果评选
任务设置
教学过程
基于文化认知的城市社区活动中心设计（二年级）

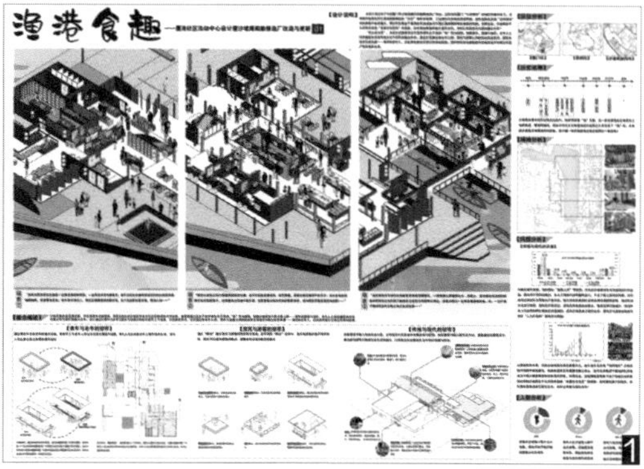
渔港食趣
1

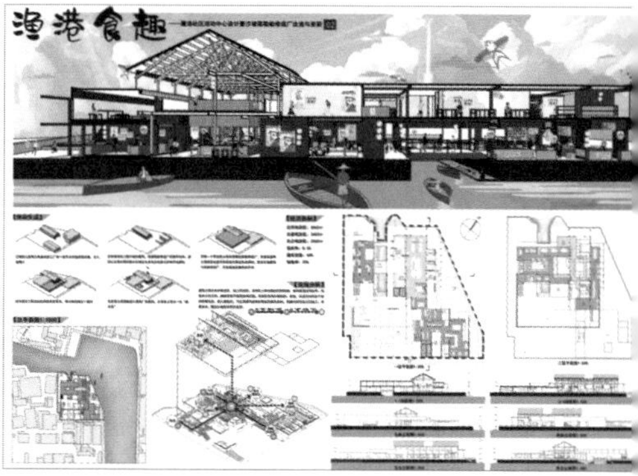
渔港食趣

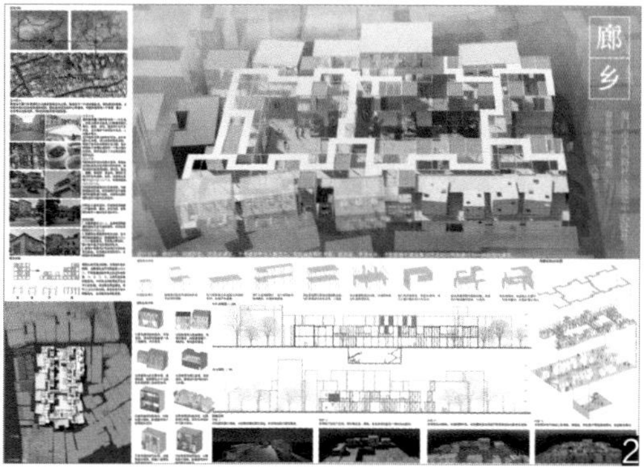
廊
乡
2

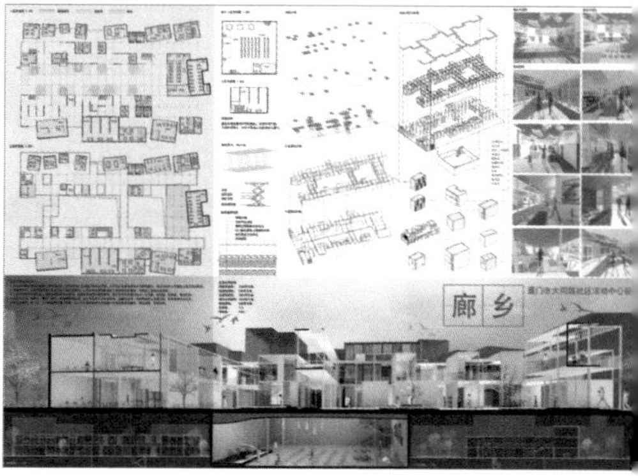
廊乡

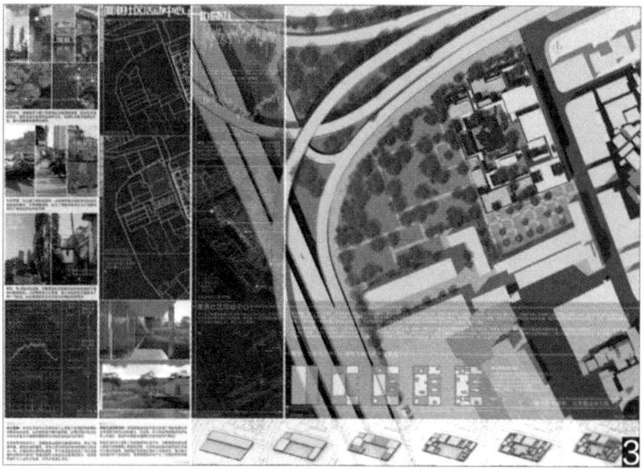
3

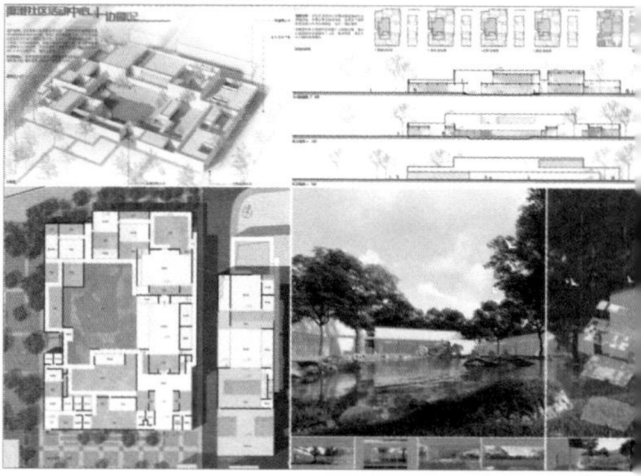

空间叙事：城中村记忆档案库——以概念设计为导向的美术与设计联合课程

深圳大学建筑与城市规划学院

扫码点击“立即阅读”，
浏览线上图片

教学衔接：基于学院整体的“一横多纵”建筑教学体系，二年级下学期在横向和纵向中起到了承上启下的作用，也是从“泛设计”的基础教学转向专门化、多元化的建筑类专业教学的桥梁。因此，我们将二年级下学期的设计定义为“基础教学平台的小毕业设计”。在课题设置，即遵从“泛设计”理念，将美术与设计打通，强调空间叙事的概念设计；同时，融合建筑学、城乡规划和风景园林专业，在不同教学单元中布置城市、场地、景观、构造等专业知识教学。

教学内容：模块由两个关联部分组成——概念艺术表达和建筑设计。前者挖掘城中村的历史和文化资源研究基地的“视觉文本”和现象潜力，以概念图示和观念艺术装置两种形式完成对城中村记忆的表述；后者通过“城中村档案库”建筑设计来响应概念艺术所构造的城中村记忆和感知，并用于展示第一部分形成的概念艺术作品。

教学目标与要求：用建筑学方法分析概念艺术作品表达的主题观念并对其进行建筑设计的再创作；培养通过深度的观察探索建筑设计的概念生成和构建空间艺术性的工作思路和工作方法。

课程描述：课程以“形式、空间、建构”为本体，以“情境、概念、叙事”为外延，强调空间建构、空间叙事和空间营造。课程以“城中村记忆档案库”为载体，主要从历史记忆、视觉图像、行为事件、器物场景、自然光影等概念主题出发，鼓励学生用建筑学方法进行研究和分析，形成其设计逻辑并贯穿始终；同时，在设计指导过程中，以模块化、分解式等手段强化场地设计、功能布局、结构体系、材料构造等专业知识的传授，形成合理、完整的课程教学架构。

教学过程：该项目由三个相互关联的部分组成：一是通过挖掘基地的历史和地理层面来研究基地的“视觉文本”和现象的潜力；二是通过设计和建造一个“记忆盒子”来构建一个概念以及重点空间；三是设计“城中村档案库”现代艺术博物馆建筑，来响应“记忆盒子”形式化的概念和研究成果。

1. 概念艺术——叙事与记忆（美术课模块）

“城中村” 作为一个巨大的视觉与观念的宝库，成为艺术、建筑、景观与规划学科探索城市过去、现在和未来关系的实验基地。通过对城中村中日常生活状态和空间场景记忆的调查，提炼出艺术创作所需要的观念主题，为视觉创意和建筑设计课程提供强大的思想观念和视觉图像的资源。正如阿尔多·罗西所说，“城市本身就是人民的集体记忆，和记忆一样，它与物体和地方有关。城市是集体记忆的所在地。历史的价值被视为集体记忆，它帮助我们把握城市结构的意义。”

2. 重点空间设计——记忆盒子

作为重点空间设计，学生延续概念艺术主题，进行任务策划，以模型建造的方式，构建一个记忆盒子，用以存储和展示“城市记忆”。逻辑的构建、叙事的线索、材料的选择、表达的方式，将为最终的目标建立起设计的策略和概念。这是一种压缩形式的建筑行为，其简略的模式重在强调思路的清晰，侧重于特殊性和细节。建造盒子的物理行为等同于艺术、建筑和工程之间的融合。

3. 建筑设计——城中村记忆档案库

基于前两项研究和实验，学生通过挖掘图纸、图片、影像、行为、故事、新闻事件和场地等物理条件的历史档案，进一步研究分析，确定其场所的精神，通过记忆盒子的形式和内容来设计和开发一个具有建筑特殊性的城中村档案库。这个公共建筑包含 4 个主要功能：档案、展示、论坛和服务。记忆盒子及其所挖掘的内涵和计划的提案，将共同构成一个面积约为 1500m^2 的“城中村记忆档案库”的建筑项目。

优秀作业 1：同质化城市的批判与转译——城中村记忆档案库 设计者：张曼佳
优秀作业 2：博弈之城——城中村记忆档案库 设计者：曾南蓝
优秀作业 3：风乎舞雩——城中村记忆档案库 设计者：陈露鸣

编撰 / 主持此教案的教师姓名：彭小松
参与教师姓名：彭小松、饶小军、曾凡博、王浩锋、殷子渊、陶伊奇、单皓、朱文健、郭子怡、金珊、罗薇、夏珩、王鹏、李相逸、陈曦、成行

空间叙事：城中村记忆档案库

以概念设计为导向的美术与设计联合课程教案

"一横多纵"建筑教学体系

学院持续开展人才培养模式创新，自 2014 年 9 月起，开展"一横多纵"建筑教学体系的探索与实践，以设计主干课程为核心，构建纵横交织、全面系统的教学体系，建设目标为多元化、研究性、专门化、后动性、国际化的教学体系。

1－2 年级的一个横向基础平台

构建筑学、城乡规划和风景园林专业交叉和融合，建立"泛设计"通识教学平台，培养学生基础设计能力和综合艺术素养。整合并**打通设计基础和美术基础课程**，打破传统模式，开展"泛设计"的基础教学，强调设计思维的培养。

3－5 年级的多个纵向贯通平台

以纵向导师组为主导，基于专门化和多元化，培养学生扎实的专业能力以及综合的职业素养。设计课题逐渐从传统的以建筑类型为导向转变为以解决问题为导向，同时，各个纵向导师组逐渐形成各自教学风格和思想。

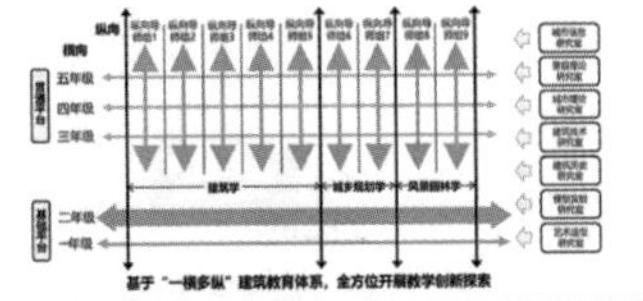

基于"一横多纵"建筑教育体系，全方位开展教学创新探索

基于学院整体的"一横多纵"建筑教学体系，二年级下学期在横向和纵向中起到了承上启下的作用，也是从"泛设计"的基础教学转向专门化、多元化的建筑类专业教学的转换。因此，我们将二年级下学期的设计定义为"基础教学平台的小毕业设计"，在课题设置、既遵从"泛设计"理念，将美术与设计打通，强调空间叙事的概念设计；同时，融合建筑学、城乡规划和风景园林专业，在不同教学单元中置于城市、场地、景观、构造等专业知识教学。

横向基础教学平台课程建设与创新

横向基础平台美术与设计课程框架

空间建构与叙事

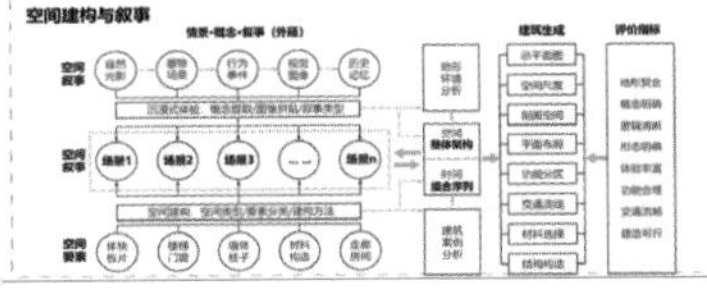

二年级设计课教学改革——美术与设计联合教案

以"概念设计"为核心的美术与设计打通的二年级课程改革："城中村记忆档案库"

教学内容： 模块由两个关联部分组成：概念艺术表达和建筑设计。前者挖掘城中村的历史和文化资源研究基地的"视觉文本"和现象潜力，以概念图示和概念艺术装置两种形式完成对城中村记忆的表达；后者通过"城中村档案库"建筑设计来响应概念艺术所构造的城中村记忆和感知，并用于展示第一部分形成的概念艺术作品。

教学目标与要求： 用建筑学方法分析概念艺术作品表达的主题现象（5个概念主题之一）并对其进行建筑设计的再创作；培养通过深度的观察探索建筑设计的概念生成和构建空间艺术性的工作思路和工作方法。

课程描述：

城市的特征可以用它对过去、现在和未来的态度来描述和定义。一个城市通过选择收集和处理文物的方式来直接影响到人们的文化体验。"城中村档案库"探索了一种城市当中被遗忘文物的想法，通过概念装置和一座建筑储存、展示和传达过去，以协调现在的居民与未来原景的关系。

教学计划：

该项目由三个相互关联的部分组成：一是通过挖掘基地的历史和地理现象来研究基地的"视觉文本"和现象的潜力；二是通过设计和建造一个"记忆盒子"来构建一个概念；三是以及设计"城中村档案库"现代艺术博物馆建筑，来响应记忆盒子所形式化的概念和研究成果。

概念设计——城中村记忆档案库

基地概况：

校园/地盘位于深圳南山区大新村，一个目前正在进行更新过渡期的街坊。在该地区兴建了一系列公共房屋项目，为我们的调查创造了一个充满活力的社区，有丰富的现象和实物资料。通过挖掘图纸、图片、故事、新闻事件和场地的物理条件的历史档案，学生将通过发掘来确定其场所的精神。

教学目的：

探索现象的深度。

作为设计理念的驱动要素，分析和解释城市的文物。通过思考、材料处理和制作来发展建筑技能。激励反应，提高对被遗忘的城市文物的认识。设计一个具有公共意义的文化建筑，通过程序、形式、建构来解决被遗忘的文物问题。

记忆盒子：

以模型建造的方式，学生将设计装置、策划内容，并构建一个记忆盒子，以便存档和展示。材料的选择、逻辑的构建以及内容显示方式将为最终的目标建立起设计的策略和概念。这是一种压缩形式的建筑行为，其简略的模式重在强调思路的清晰，侧重于特殊性和细节。建造盒子的物理行为等同于艺术、建筑和工程之间的融合。它鼓励对材料性的认识以及促进一种建构的手段。

城中村记忆档案库：

基于前期调研究和实验，学生将通过记忆盒子的形式和内容来设计和开发一个具有建筑特殊性的城中村档案库。这个公共建筑包含四个主要功能：档案、展示、论坛和服务。记忆盒子及其所挖掘和计划的提案，将一起构成这个工作室的整体建筑项目。

功能计划：

设定的城中村档案库在以下规划任务书指引下进行设计。城中村档案库总建筑面积大约800平方米

基地

总用地面积约为1500平方米。利用收集到的信息进一步了解基地的历史、周围建筑环境、流通网络和社区的民众。评估基地中存在的潜在机会。

功能区域	平方米	非功能区域
1/档案库	200	7/大堂
2/展示区域	300	8/交通系统
3/游客服务	100	9/卫生间
4/多用途大厅	100	10/机械/电气及管道工程
5/餐饮和咖啡馆	50	
6/办公室	50	

概念艺术——叙事与记忆

"城中村"作为一个巨大的视觉与观念的宝库，成为艺术、建筑、景观与规划学科探索城市过去、现在和未来关系的实验基地。通过对城中村中日常生活状态和空间场景记忆的调查，提炼出艺术创作所需要的观念主题，为视觉创意课程的和建筑设计课程提供强大的思想观念和视觉图像的资源。正如奥多·罗西所说，"城市本身就是人民的集体记忆，和记忆一样，它与物体和地方有关。城市是集体记忆的所在地。历史的价值被视为集体记忆，它帮助我们把握城市结构的意义"。

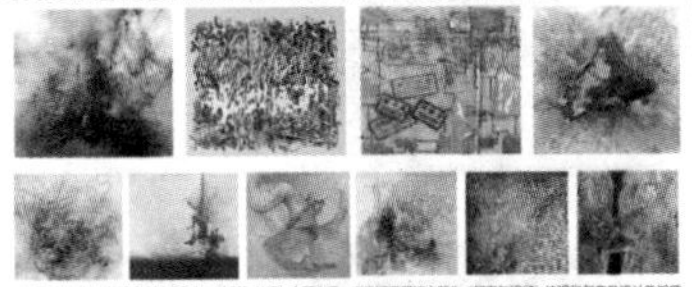

继二年级上学期的视觉创意课程的"改写与转译"主题之后，本学期开展了主题为"叙事与记忆"的视觉创意及设计教学活动。围绕"城中村记忆"的主题，通过对"主题观念"的提取，完成综合材料和装置艺术的创作。课程教学整体上分成两个单元来进行，以完成两件艺术作品为目标：前 3 周综合材料，后 3 周装置艺术。每个单元又分"观念提取"和"视觉表达"两个环节："观念提取"是从经典阅读到现场调查，提炼出具有社会意义的观念主题，"视觉表达"则是根据主题观念进行视觉的视觉图像转换和综合材料与装置艺术的创作表达。值得期待的是，后续的建筑设计课程"城中村档案库"仍是"城中村记忆"的主题延续，而进入一种"建筑空间叙事"的教学环节。

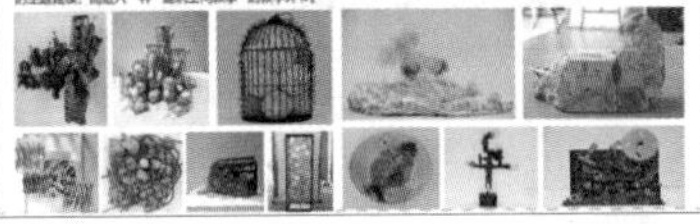

实验方法——空间转译与叙事

认知结构

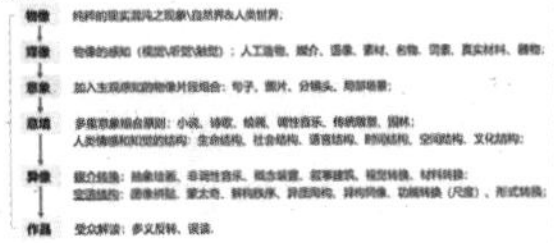

记录与实验

1、**记忆片段：** 身体、光影、声音、流水、流程、痕迹、物件、照片、温度、影片（案例：旭光阁、日晷、观日台、走马灯、魔方、红楼梦、老照片、设盘）
2、**记录手段：** 摄影、录音、拓片、容器、草图
3、**分析手段：** 分层、分类、光谱、动线、剖面、刻度、轴测图、链接线、转维。
4、**提取概念：** 视觉经验的符号
5、**实验手段：** 将概念和实验结果抽象转化成空间装置，呈现概念过程和结果
总用地面积约为1500平方米，利用收集到的信息进一步了解基地的历史、周围建筑环境、流通网络和社区的民众。评估基地中存在的潜在机会。

概念叙事方法

记忆片段+生活经验+空间转换+空间装置

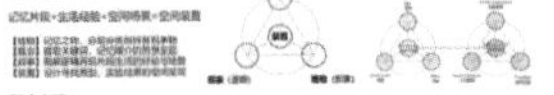

概念主题

二年级建筑设计课程（城中村记忆档案库）

空间叙事：城中村记忆档案库

以概念设计为导向的美术与设计联合课程教案

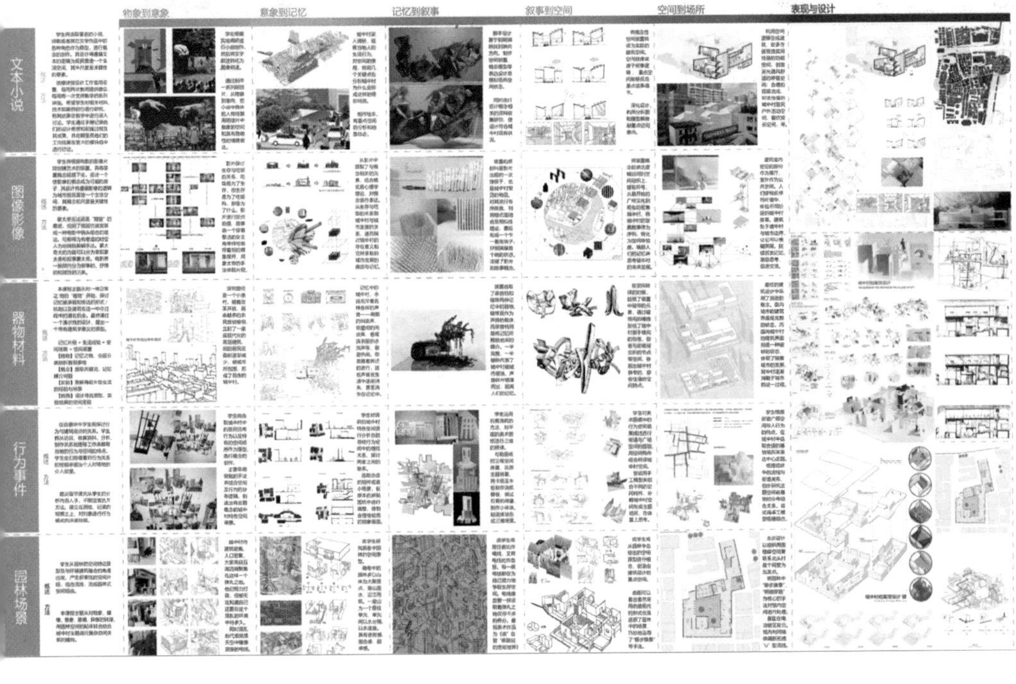

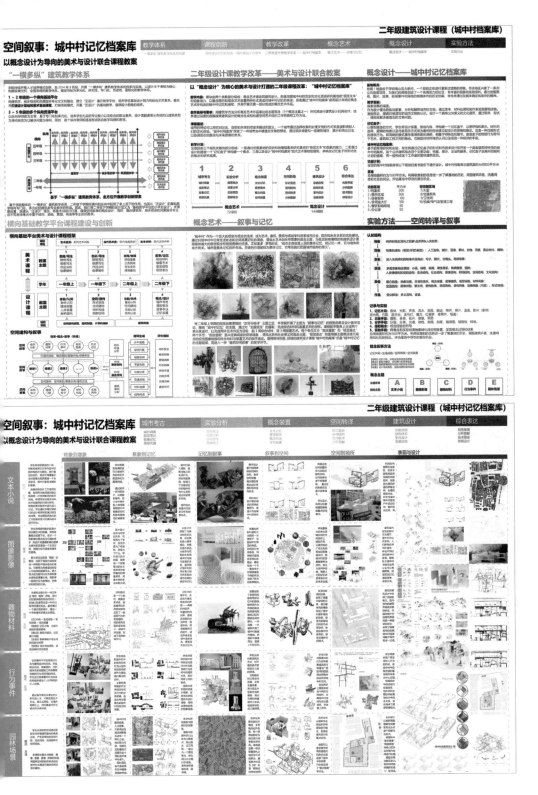

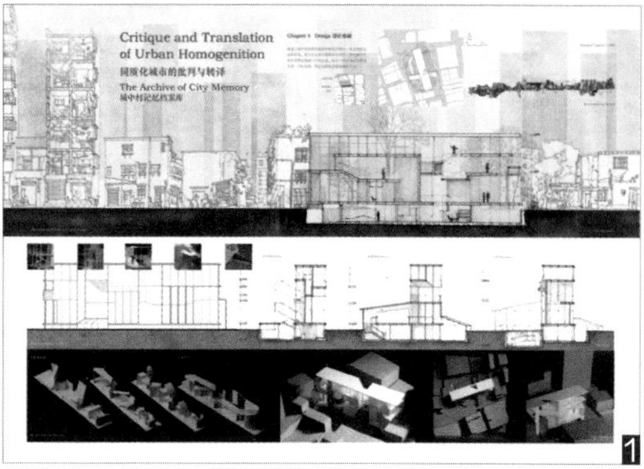
Critique and Translation of Urban Homogenition
同质化城市的批判与转译
The Archive of City Memory
城中村记忆档案库
1

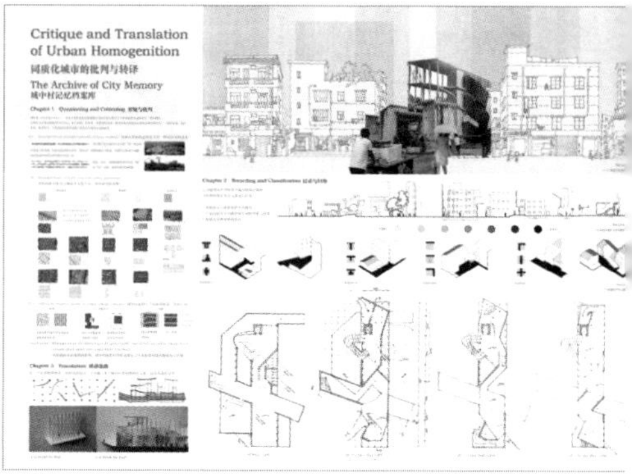
Critique and Translation of Urban Homogenition
同质化城市的批判与转译
The Archive of City Memory
城中村记忆档案库

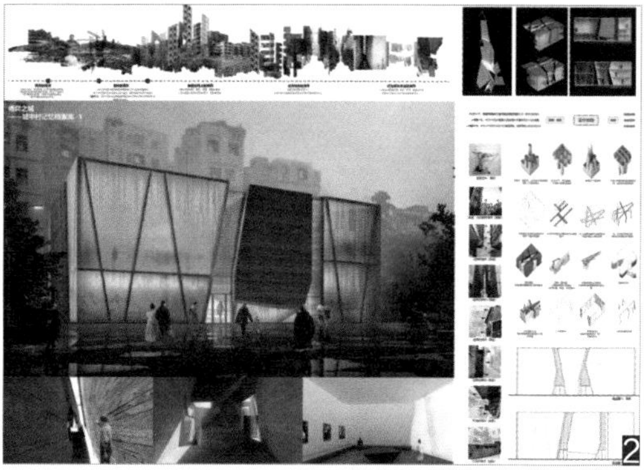
2

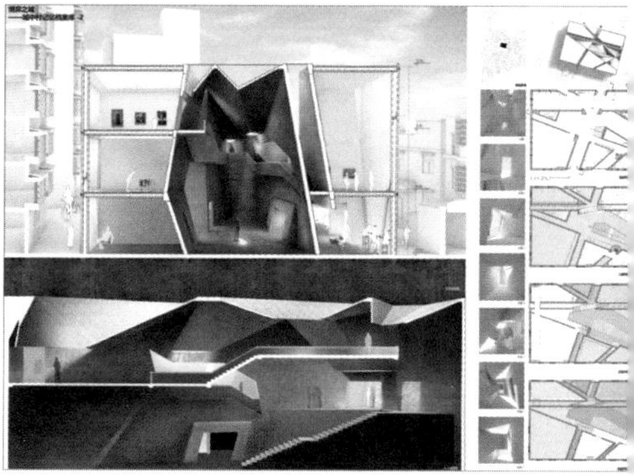

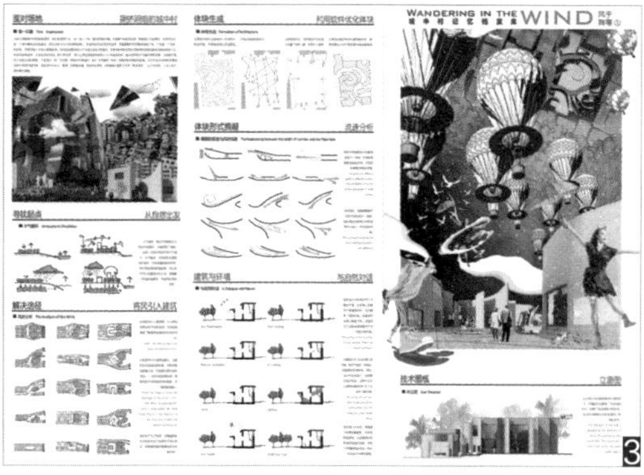
WANDERING IN THE WIND
3

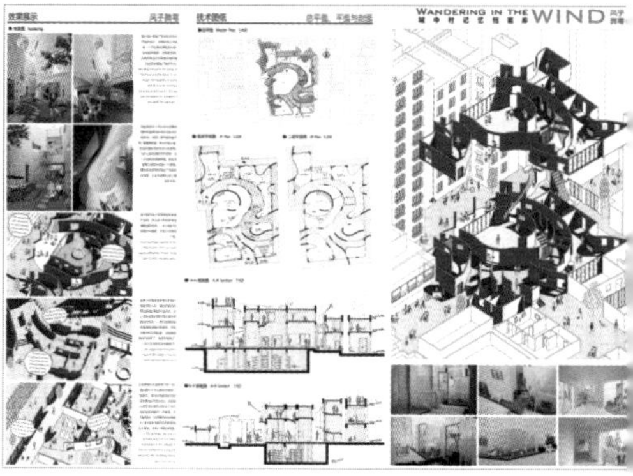
WANDERING IN THE WIND

场地·空间·行为
——基于环境意识的小型公共建筑设计

安徽建筑大学建筑与规划学院

扫码点击“立即阅读”，
浏览线上图片

设计项目基地一位于政务文化新区赖少奇公园内；基地二位于马鞍山路与芜湖路交叉口西北侧环城公园内原亚明艺术馆旧址；基地三位于泾县古村落查济的核心保护区边。设计基地占地约2100m^2，建筑为2~3层，总建筑面积不超过2300m^2。基地环境优美，具有浓厚的地域文化背景，要求同学在三种位置地形选择其一，完成一个小型美术馆或一个社区活动中心的建筑方案设计，关注使用者的行为和空间需求，以及场所的环境特征。从环境出发，建立清晰的设计观念、形式逻辑，完成建筑体量选择、空间组织、建筑风格与周边环境的关系等重要设计，教学重点从手法训练向专业综合能力培养转变，培养学生建立环境与空间的逻辑关系。

优秀作业1：回望 设计者：刘安琪、李一然
优秀作业2：回韵 设计者：黄棋越
优秀作业3：徽故里 设计者：张诚、窦文杰

编撰/主持此教案的教师姓名：桂汪洋
参与教师姓名：周庆华、解玉琪、高业田

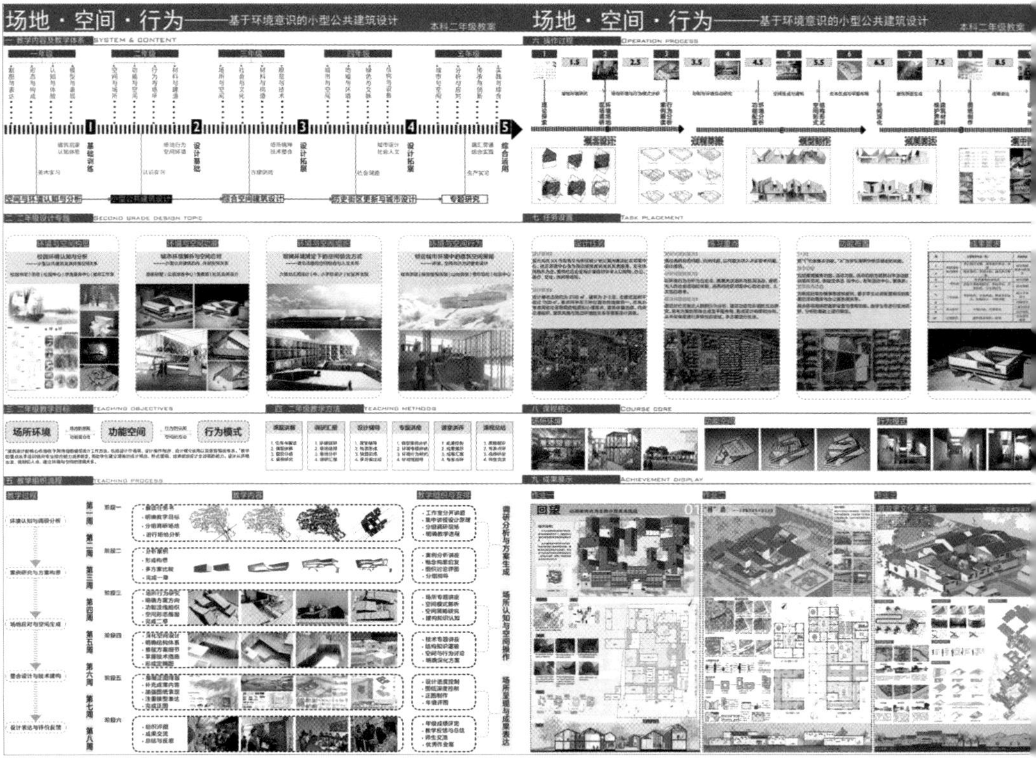
场地·空间·行为——基于环境意识的小型公共建筑设计
本科二年级教案
SYSTEM & CONTENT
SECOND GRADE DESIGN TOPIC
TEACHING OBJECTIVES
场所环境
功能空间
行为模式
TEACHING METHODS
TEACHING PROCESS
教学过程
教学内容
教学组织与安排
场地·空间·行为——基于环境意识的小型公共建筑设计
本科二年级教案
OPERATION PROCESS
TASK PLACEMENT
COURSE CORE
ACHIEVEMENT DISPLAY
回望

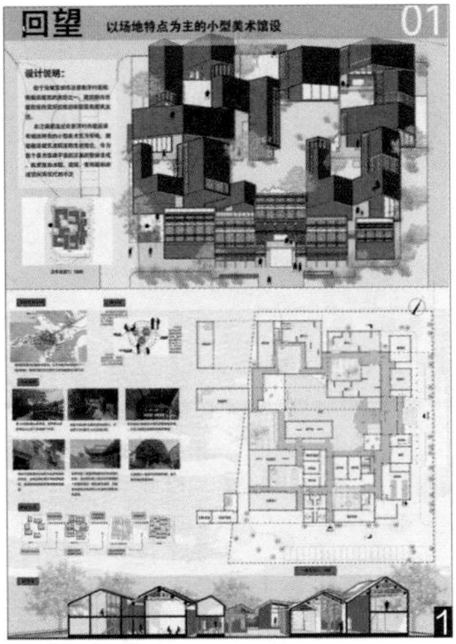
回望
以场地特点为主的小型美术馆设
01
设计说明：
1

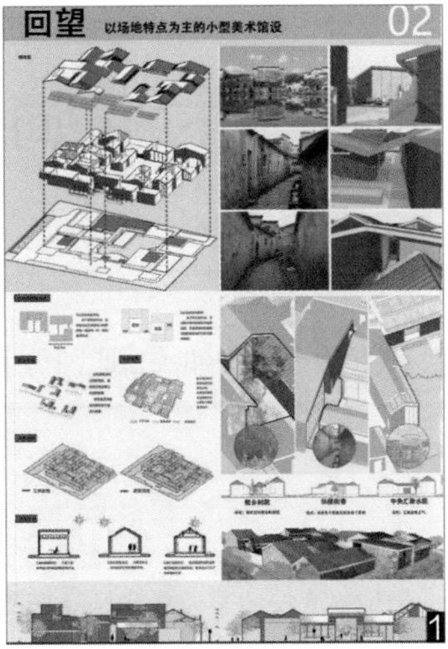
回望
以场地特点为主的小型美术馆设
02
1

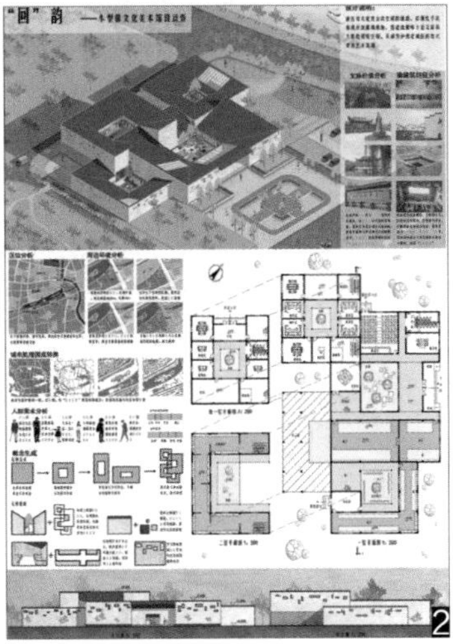
“回”韵
2

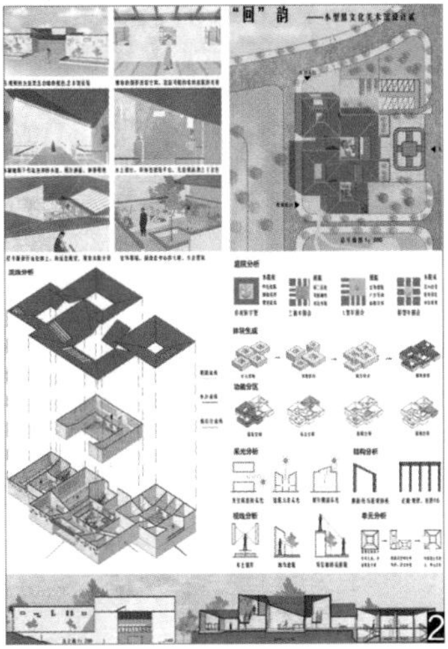
“回”韵
2

徽故里文化美术馆
——小型徽文化美术馆设计 01
3

徽故里文化美术馆
——小型徽文化美术馆设计 02
3

历时性体验下的空间序列组织设计

沈阳建筑大学建筑与规划学院

扫码点击“立即阅读”，
浏览线上图片

建筑学的本科教学是一个循序渐进的过程。我们在5年的专业教学中按照“通”与“专”将其分为基础训练（专）、设计入门（通）、综合提高（通+专）和专业拓展（通）四个阶段。每个教学阶段具有明确的教学重点和训练核心，以此设定了建筑启蒙与创造思维、空间塑造训练单元、空间整合单元、建筑专项设计深入和建筑综合与实践5个阶段性的训练单元。二年级处于建筑学专业教育的入门阶段，这一阶段中，以综合性的建筑空间塑造训练为主线的教学体系，是一年级建筑启蒙与创造思维的延伸，是三年级城市尺度空间整合训练的基础。空间序列组织设计是二年级第4个设计，在空间塑造中融入使用者的历时性体验，使学生建立对时空动态变化中建筑空间序列的认识。

通过学时为56课时+一个专题周的空间序列组织设计训练，使学生建立对建筑空间序列和空间体验的认知，培养以历时性体验为基础的空间组织、场景塑造、衔接引导等层面的设计方法。通过对不同类型空间序列内涵的理解，使学生掌握“连续·流动”“自由·衔接”和“主从·融合”等典型空间序列组织模式及其设计原理与方法，训练历时性体验引导下复杂空间的塑造能力，并进一步培养设计思维和表达能力。

设计题目为一座小型展览建筑，总建筑面积2800m^2，为展示艺术作品、城市历史、文化及发展成就和名人纪念等提供展示及研究空间。具体展示主题、展览方式和展览流线由学生自己拟定。选址可位于沈阳市浑南新兴街区地段、铁西工业旧区地段和方城历史街区地段。题目具有较高自由度，能够充分发挥学生们的主观能动性，激发创造力。

设计要求：

1. 功能布局合理及流线组织通畅。以建筑空间序列的丰富变化与控制为主线突出建筑的空间特点。

2. 建筑空间强调引导人的心理情绪，在历时性体验中感悟建筑空间。

3. 可以考虑室内外的空间交流，提高空间的动态流转，营造多层次的场景与意境。

4. 符合相关设计规范要求，实现与环境的有机组织。

历时性体验下的空间序列组织设计教案

The Teaching Plan of Space Sequence Organization Design Guided by Diachronic Experience

教学设置

以空间塑造训练为主线

整体体系架构

建筑学的本科教学是一个循序渐进的过程。我们在五年的专业教学中按照“通”与“专”将其分为基础训练（专）、设计入门（通）、综合提高（通+专）和专业拓展（通）四个阶段。每个教学阶段具有明确的教学重点和训练核心，以此设定了建筑启蒙与创造思维、空间塑造训练单元、空间整合单元、建筑专项设计深入和建筑综合与实践五个阶段性的训练单元。二年级处于建筑学专业教育的入门阶段，这一阶段中，以综合性的建筑空间塑造训练为主线的教学体系，是一年级建筑启蒙与创造思维的延伸，是三年级城市尺度空间整合训练的基础。空间序列组织设计是二年级第四个设计，在空间塑造中融入使用者的历时性体验，使学生建立对时空动态变化中建筑空间序列的认识。

基础训练（一年级）	Architectural Enlightenment Training 建筑启蒙与创造思维	分项（专）
设计入门（二年级）	Spatial Creation Training Unit 空间塑造训练单元 设计1 空间尺度营造训练（空间与尺度） 设计2 功能空间布置训练（私密与公共） 设计3 单元空间组合训练（重复与韵律） 设计4 空间序列组织训练（连续与节奏）	综合（通）
综合提高（三年级）	Spatial Integration Unit 空间整合单元	综合（通）
综合提高（四年级）	Specific In-depth Design 建筑专项设计深入	分项（专）
专业拓展（五年级）	Architectural Comprehensive - Practical 建筑综合与实践	综合（通）

课程教学目的

通过56+1k学时的空间序列组织设计训练，使学生建立对建筑空间序列和空间体验的认识，培养以历时性体验为基础的空间组织、场景塑造、衔接引导等层面的设计方法。通过对不同类型空间序列内涵的理解，使学生掌握“连续·流动”、“自由·衔接”和“主从·融合”等典型空间序列组织模式及其设计原理与方法，训练历时性体验引导下复杂空间塑造能力，并进一步培养设计思维和表达能力。

课程题目设置

设计题目

课程设计题目为一座小型展览建筑，为展示艺术作品、城市历史、文化及发展成就和名人纪念等提供展示及研究空间。具体展示主题、展览方式和展览流线由学生自己拟定。

选址可位于沈阳市浑南新兴街区地段、铁西工业旧区地段和方城历史街区地段。

题目具有较高自由度，能够充分发挥学生们的主观能动性、激发创造力。

设计内容

1. 总建筑面积2800㎡（±10%）。
2. 展陈区1100㎡（设置展示、观摩、表演、体验等空间序列）。
3. 报告厅200㎡（包括贵宾休息室等）。
4. 内部工作区500㎡（包括藏品库、工作室、研究室、办公室、资料室、接待室、会议室及相关辅助空间）。
5. 其他空间，包括门厅、过厅、走廊、休息厅、商店、卫生间、设备用房等附属空间根据设计方案具体情况酌情安排。

设计要求

1. 功能布局合理及流线组织通畅。以建筑空间序列的丰富变化与控制为主线突出建筑的空间特点。
2. 建筑空间强调引导人的心理情绪，在历时性体验中感悟建筑空间。
3. 可以考虑室内外的空间交流，提高空间的动态流转，营造多层次的场景与意境。
4. 符合相关设计规范要求，实现与环境的有机组织。

课程教学思路

连续·流动

空间特点

空间连续、界限模糊
序列连贯、流线动态
场景贯通、体验顺畅

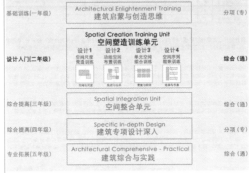

教学重点：使学生理解流动空间的特质，掌握通过相对模糊的空间界限塑造流动空间的基本方法，以及利用连续变化的空间形态和流线引导使用者历时性体验的空间处理手法。

教学难点：对流动空间节奏把控，以及在流动空间中如何灵活组织流线，做到流而不乱。利用VR虚拟现实技术辅助教学，加深学生对流动空间的理解。

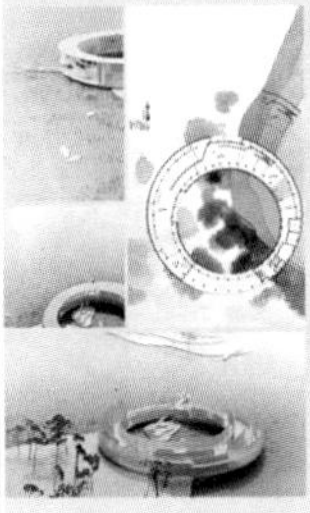

自由·衔接

空间特点

布局自由、组织灵活
序列松散、空间独立
场景独特、体验丰富

教学重点：使学生理解单元空间及其空间序列的特质，掌握通过自由衔接方式将相对独立的单元空间序列化的方法，以及通过不同形态空间自由组合营造丰富空间体验的处理手法。

教学难点：对相对独立单元空间的特性认知以及相互间关系的有序组织，做到自由但不散乱。可利用手工模型结合VR虚拟现实技术开展教学。

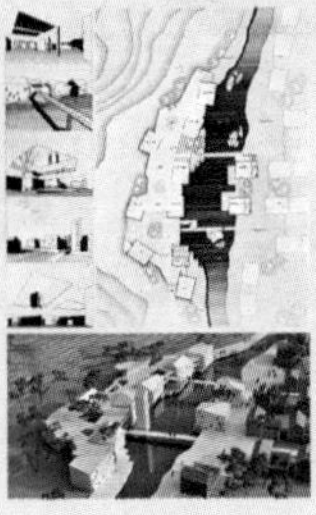

主从·融合

空间特点

空间融合、体量集中
序列清晰、主从分明
主题统一、体验全面

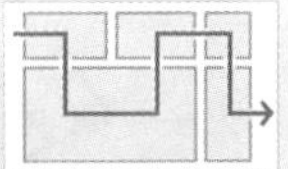

教学重点：使学生理解空间的主从关系及其层次化空间序列的特点，掌握主从空间整体化融合基本方法，以及通过开合、收放等空间节奏控制手段引导历时性体验的具体方法。

教学难点：对主要空间和从属空间的内容分配以及其间流线的有序组织，做到对比但不失衡。可通过手工与虚拟模型对比的方式加深对空间理解。

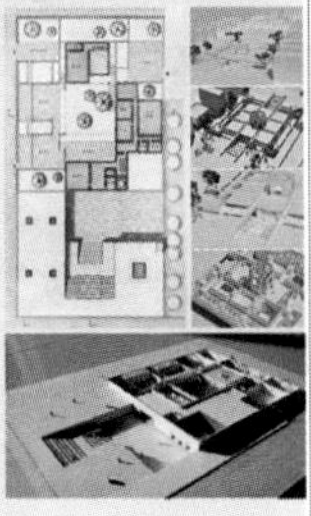

历时性体验下的空间序列组织设计教案

The Teaching Plan of Space Sequence Organization Design Guided by Diachronic Experience

教学过程

以阶段教学目标为组织

以一个56+1K学时设计题目为例的教学过程图示

阶段	学时（56+1K）	授课方式	授课重点	课下要求
设计原理讲述	4	年级公共课	题目的基本设计原理、地段状况、实例分析	布置场地及资料调研的任务和要求
空间体验解析	4	年级公共课	各类空间序列组织模式特征、相关实例分解	课下完成A1图纸大小的资料与场地调研报告
调研报告讨论	4	班级公共讨论	调研报告的环境分析的合理性和资料内容充实度	课下小组完成选址基地环境模型
构思设计指导	12	单独指导	设计构思把握、总平面的草图绘制、草模制作	课下完成构思分析、总平面图草图、体量草模
构思设计讨论	4	班级公共讨论	从场地分析到构思设计的衔接、鼓励创新思维	
深入设计指导	12	单独指导	功能分区、交通流线、空间体验、二草绘制	课下完成平立剖面徒手草图、整体空间模型
深入设计讨论	4	班级公共讨论	内部空间塑造、鼓励草图、模型深入设计方法	
完善设计指导	8	单独指导	立面形式、材料选择、细部节点、规范制图	课下完成平立剖面工具草图、立面完善模型
完善设计讨论	4	班级公共讨论	规范制图注意事项、正图、正模表达方式	
成果表达指导	1K	单独指导	布图、表现方式与技法、模型制作与拍摄	集中周最后一天下午17点整收图

设计原理讲述

设计题目公共原理讲述课，4学时。对空间序列组织设计的原理讲述。内容包括设计任务书、功能要求、基本设计方法、不同用地特征和用地选取原则、设计过程与成果要求以及实例与范图讲解。

空间体验解析

空间体验解析公共讲述课，4 学时。教师讲授不同类型建筑空间序列的历时性体验特点，结合实际案例解析不同空间组织模式对使用者游历过程中时空体验的影响，引导学生进行动态的历时性体验的设想与分析。通过综合讲述，指导学生选择合适的空间序列组织模式并确定设计主题与选址。

现场环境调研

根据学生选择模块情况，形成教学小组，由指导教师组织学生进行实地环境调研，课下进行。调研内容包括区域环境整体认知，区域内重要建筑、街道、场所的重点调研，区域内主要人群构成等。

设计过程指导

应合理把握学生设计过程，依据不同阶段设计要求，检查设计进度，阶段学时依据总学时调整。每个设计题目的教学过程应包含：调研报告公共讨论；初步构思设计辅导；初步构思公共讨论；构思深入设计辅导；深入设计公共讨论；方案完善设计辅导；完善设计公共讨论；设计成果表达辅导。

阶段性草图的表达

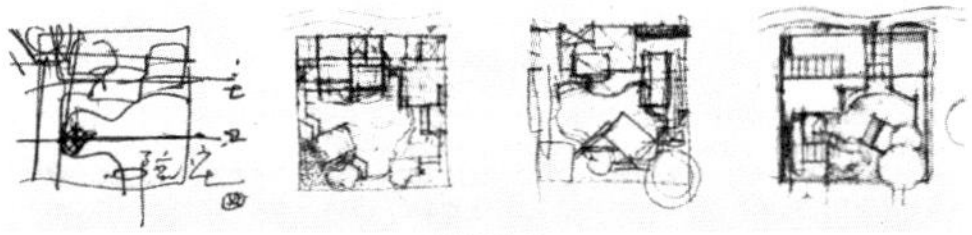

阶段性模型的表达

设计成果评定

设计成绩是对学生学习态度和设计能力的综合评价，按百分制由设计过程成绩（30%）、设计成果成绩（40%）和方案答辩成绩（30%）三部分构成。本着师生互动，资源共享的原则，成果讲评包括答辩公开点评、班级内部讲评和年级集体展评三个环节，强化班级内、年级内及年级间沟通交流。

学生作业选案

连续·流动

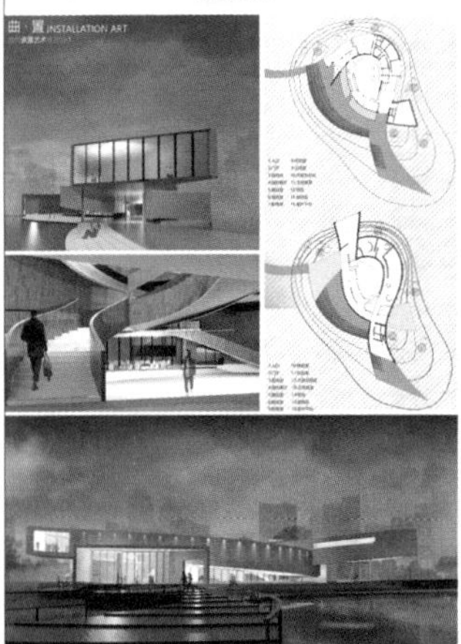

教师点评：设计选址于鲁迅美术学院临近公园内一座独立的小岛上，旨在为师生提供一处展示装置艺术作品的场地，同时为市民提供一处具有浓郁艺术氛围的场所。两条交错而缠绕的体量创造了自身开放而流动的展示空间序列，利用曲线丰富的张力与灵活的空间可塑性为使用者带来连续流畅的历时性空间体验。

自由·衔接

教师点评：作者在铁西工人村为当地居民设计了一栋社区生活馆。遵循场地的旧有肌理，提取周边建筑的工业要素，结合南北轴线设置了6个功能单元。设计力图通过自由组合的单元形成多尺度、多功能的庭院，衔接室内外的活动空间，以建构新的空间秩序，重新激发场地的活力，向使用者传递后工业时代的人文精神。

主从·融合

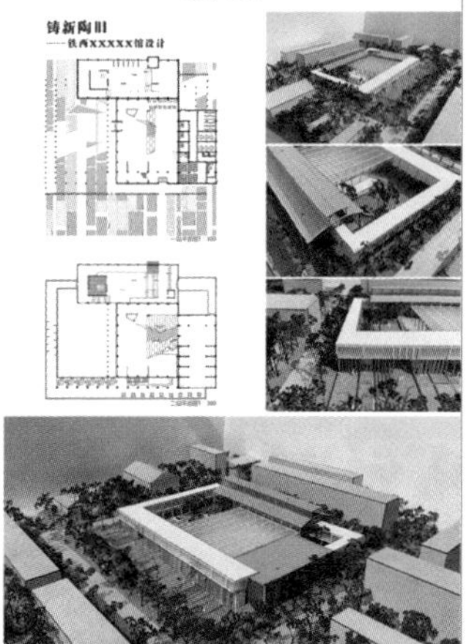

教师点评：方案位于铁西旧工业区，利用了保留的两栋旧厂房，以环廊围合出主体展览空间，并将次要空间环绕布置，形成外场-内庭-中厅为顺序由外及内的空间序列引导关系。利用保留厂房的空间特点，进一步营造主次分明、开合有致、层次丰富的展览空间序列，给游览者创造尺度、秩序、新旧对比变化生动的时空体验。

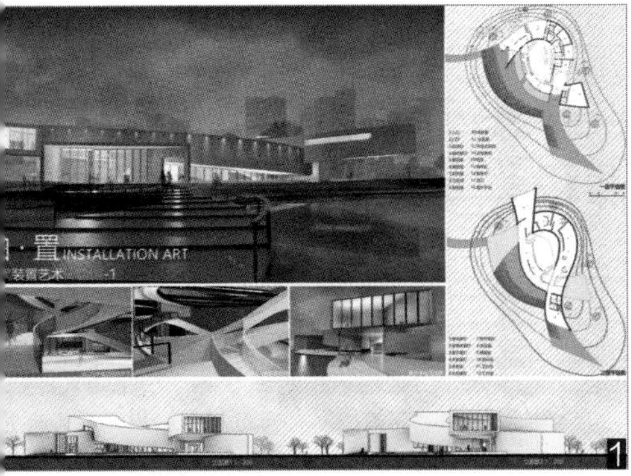

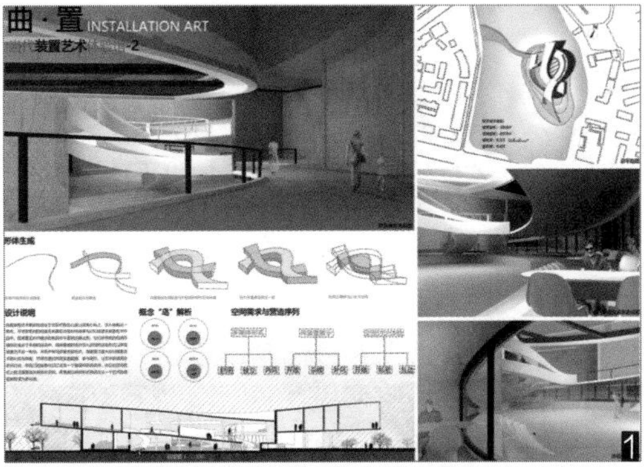

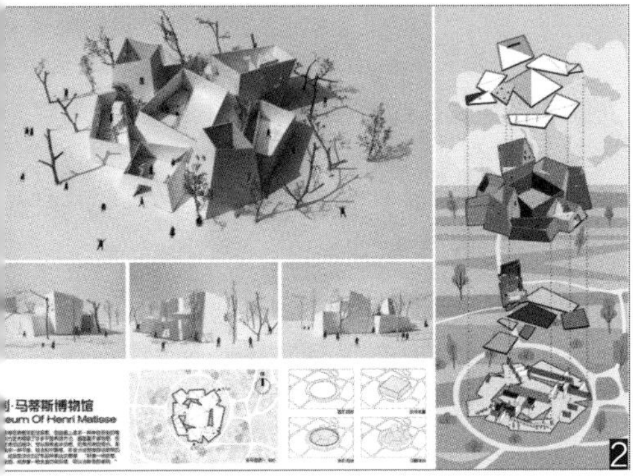

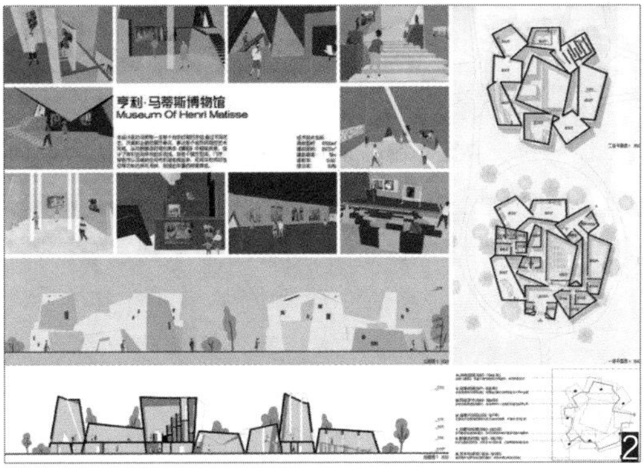

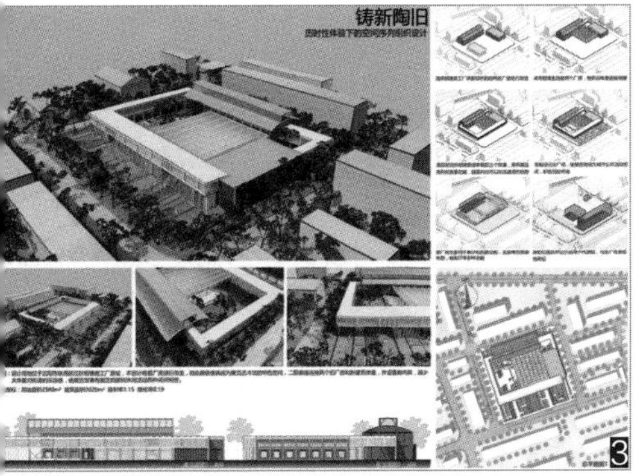

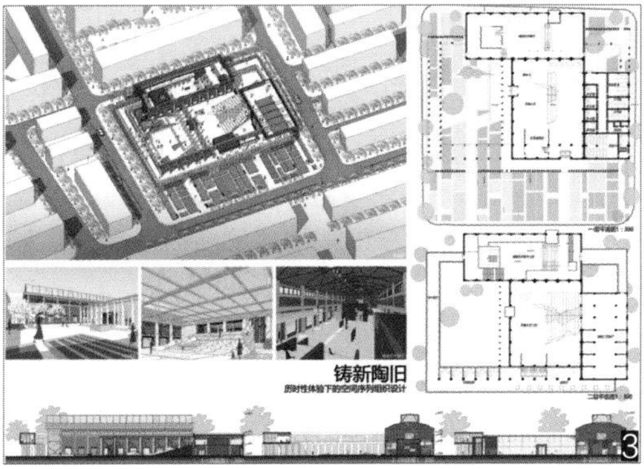

优秀作业 1：曲 · 置——当代装置艺术体验馆 设计者：孙弋涵

优秀作业 2：亨利 · 马蒂斯博物馆 设计者：沈伶秋

优秀作业 3：铸新陶旧 设计者：古悦雯

编撰 / 主持此教案的教师姓名：张龙巍

参与教师姓名：刘万里、梁燕枫、武威、李燕、辛杨、吕列克、王靖、戴晓旭、王伟

“行为 / 形式 / 类型”——类型学方法推动的二年级下学期长周期设计课程教案

合肥工业大学建筑与艺术学院

扫码点击“立即阅读”，浏览线上图片

二年级下学期的“公共建筑设计 1”是“公共建筑设计”系列专业核心课程的开始，以往该课程一般安排两个中长周期的大作业，整个系列课程安排的是规模由小到大、功能由简单到复杂的题目。近年来在学校新的本科教学体系和教育部有关振兴本科教育的精神推动下，设计类专业课时被压缩。为了适应这一变化，该系列设计课程将训练题目设置变更为一个长周期作业和一个短周期作业结合，或者一个长周期作业的方式，并将课程的重心设置为“设计方法”训练，在方法训练下结合学习研究建筑设计的各个问题和知识要点。

设计训练的核心是“类型学”方法。“类型学”方法是建筑设计中的经典操作方法，它的体系架构和理论内容有着广泛而深刻的文化和哲学内涵，但是其指向的设计方法却较为简明和清晰，并且“类型学”比较适合低年级同学理解和掌握。

二年级下学期学生遇到的基本设计问题是如何建立功能与形式之间的联系。这需要有关行为功能、形式和空间知识的储备，对于二年级同学来说，这方面恰恰是缺乏的。因此，在教学中引入有关“类型”的思考方法，通过“分类”“类比”“类推”的方式，将不同行为、不同形式和不同空间的关系梳理清楚，并在此基础上进行匹配、组合运用。由于学生在初等教育阶段对有关“类型”的学习方法已有所涉猎并运用，再次强调这种方法，有助于学生快速理解并运用在设计学习中。

具体操作主要从以下三个层面展开：

1. 从行为到类型　将“校史馆”的使用行为归纳为各种类型：比如步游、坐憩、停观等，并找到与之关联的空间模式，形成设计的切入；

2. 从形式到类型　结合调研，分析线形、方形、圆形、三角形以及下沉、抬升、穿插等形式在建筑空间上形成的不同感受，并归纳其特征、梳理分类，最后提取关键要素核心作为设计的切入点；

3. 从空间到类型　调研并感受廊道、庭院、广场、坡地等不同空间形态的特征，并归纳总结，结合校园的空间意象，通过“类比”的方式形成设计的切入。

设计方法操作首先是通过“分类”“类型化”获得有关行为功能、形式、空间的知识，然后再结合对场地和任务的理解，运用“类比”或“类推”的方式在这些知识的基础上展开设计构思；最后在诸如场地、建构等其他设计要点上，以及最终的设计表达上回应并完善构思。

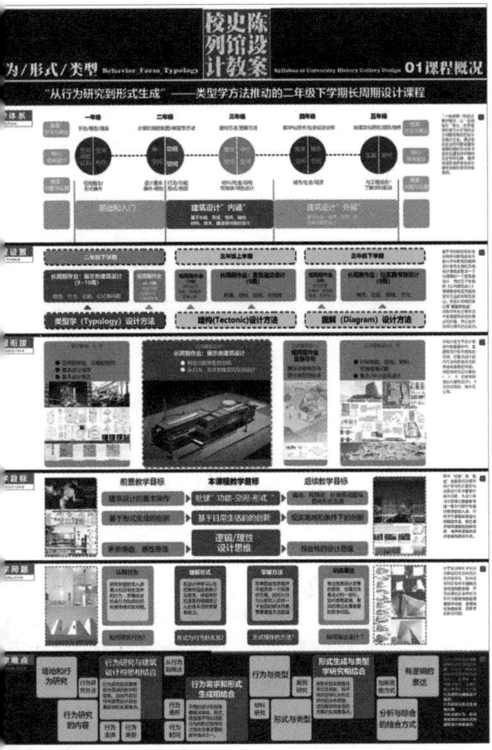

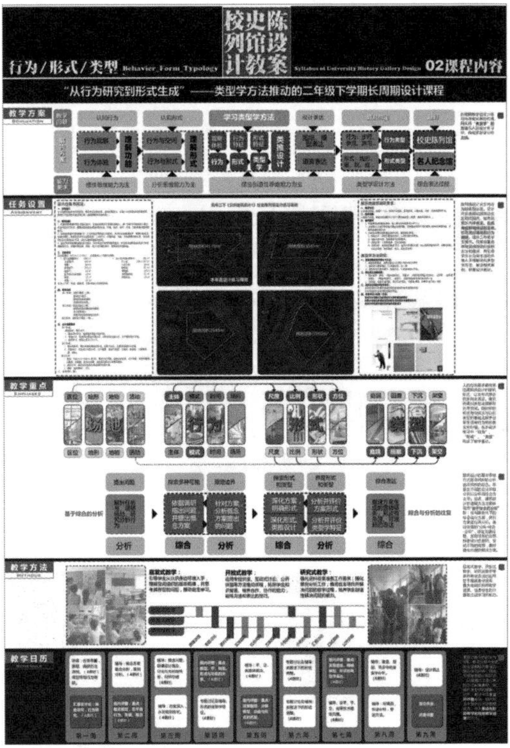

优秀作业 1：编织——校史陈列馆设计
设计者：郑赛博
优秀作业 2：梦回——校史陈列馆设计
设计者：吴越悦
优秀作业 3：游园·忆梦 / 追梦——校史陈列馆设计 设计者：李俊辉

编撰 / 主持此教案的教师姓名：曹海婴、潘榕
参与教师姓名：刘阳、陈丽华、严敏、宣晓东、曾锐

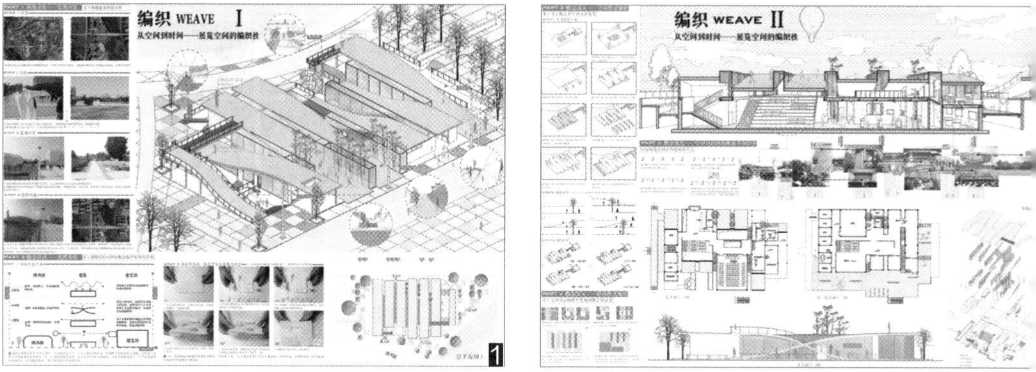
编织 WEAVE Ⅰ
从空间到时间——展览空间的编织性
编织 WEAVE Ⅱ
从空间到时间——展览空间的编织性
1

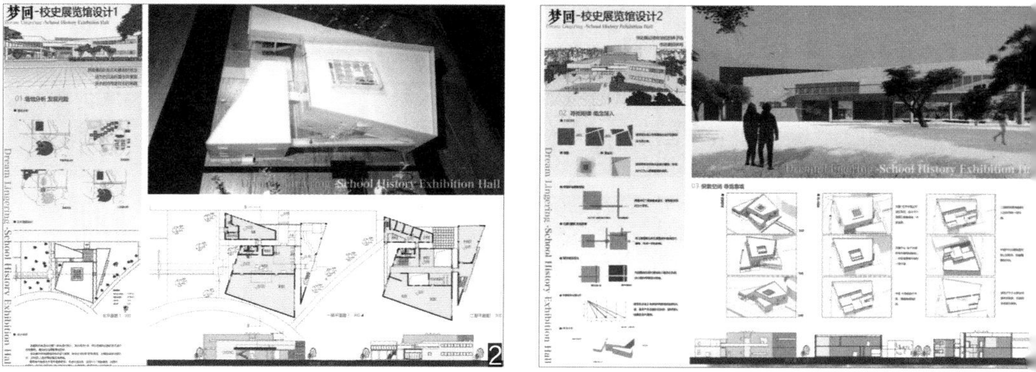
梦回-校史展览馆设计1
Dream Lingering -School History Exhibition Hall
梦回-校史展览馆设计2
Dream Lingering -School History Exhibition Hall
2

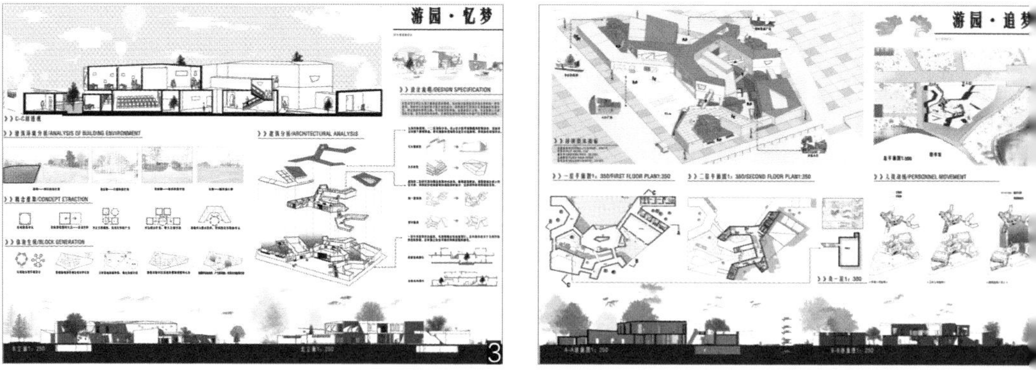
游园·忆梦
游园·追梦
3

特定使用为指引的建筑空间与形式设计教学

山东建筑大学建筑城规学院

扫码点击“立即阅读”，
浏览线上图片

二年级是建筑设计的入门阶段。空间与形式、环境与策略、材料与建造三组建筑学的基本问题，是我们引导学生建立建筑整体观，获得一定设计方法的基本思路。

全学年课程设置 4 个设计作业训练单元。其中，下学期“建筑设计 2”两个单元强调为“预设的人或物”及“特定的使用需求”而设计，将功能训练的理解转化为对“特定使用”的理解，进而指引空间与形式设计。以特定人群 / 特定需求下的空间设计训练为主线，功能、场地和建造等知识点由易到难，由片段到整体展开，使得专业设计知识渐次系统性贯穿于建筑设计课程的进程中。

教案选取下学期两个作业单元——分 . 合宅、工艺美术馆作为载体，对建筑设计入门阶段的教学思路进行梳理。

1. 空间与形式

分 . 合宅：为不同人物设定下特定居住方式的空间及形态设计。

提供两种可供学生选择的居住模式进行设计。分宅的“分”是陶艺工作区与生活区的“分”。合宅的“合”是两个亲密家庭的“合”。

工美馆：为特定观展设计，特定观展方式下的空间及形态设计。

预设 4 种有特定要求的展览方式：4 幅高 5m 的版画，且需要自然光环境；4 组奇石，需要室外放置，而观看者在室内；4 组长 6m 的木雕展品，需置于地面；4 类古书样本，人工光环境，且需要一个集中讲解空间。每一种要求的实现都需要对空间的尺度、形式、光线进行考虑，如果把 4 个展馆有机组织在一起则需要一定的空间操作手法。

预设的特定使用需求，是对任务书的进一步解读，引导学生将设计要解决的主要矛盾放到使用与空间的关系上，以此作为展开设计的契机。

2. 环境与策略

分 . 合宅选地在城郊山地，要考虑景向、朝向、高差、建筑与车行道的路径关系等基本问题。而建筑用地不被周围的任何要素所限制，建筑自身形态的自由度较大。适当考虑小建筑与大环境的关系——融合、共构还是超越？而工艺美术馆的选地在城市街区，条件比较复杂。除了要判断建筑与周围城市干道、步行道的路径关系，还要考虑与周边建筑尺度的协调问题，建筑用地呈梯形，也给建筑形态的发展带来了约束。整体来讲，在环境与策略方面，两个作业是由简单到复杂的过程。

3. 材料与建造

以框架结构受力特点为基础，从片段到整体，将维护承重、垂直对应、网格等维度分别穿插在 4 个作业单元中进行结构认知与训练。从材料的情感语意到构造节点，训练学生对材料的多维认知，建立微观的设计立场。

在分宅设计中，要求学生结合山地坡度与方案设想，选取合理的处理地形方式。在布局上下层空间的时候，充分考虑上下不同尺度空间的对应，顺应结构的垂直受力特点。在材料方面，着重训练情感语意方面的判断，由外而内——基于建筑材料思考小建筑与所处大环境的关系。由内而外，基于居住氛围想象，思考室内材质配置。而到了工艺美术馆的设计中，除了要考虑材料的情感语意，还要尝试选取典型的材料构造节点进行设计和表达。

优秀作业 1：老友宅——分 • 合宅设计 设计者：索日

优秀作业 2：折出光阴——工艺美术馆设计 设计者：胡家浩

优秀作业 3：诱光弧——工艺美术馆设计 设计者：闫文豪

编撰 / 主持此教案的教师姓名：周琮

参与教师姓名：周琮、门艳红、郑恒祥、高雪莹、郭逢利、张勤、陈林、蔡洪彬、陈平、高晓明、李超先

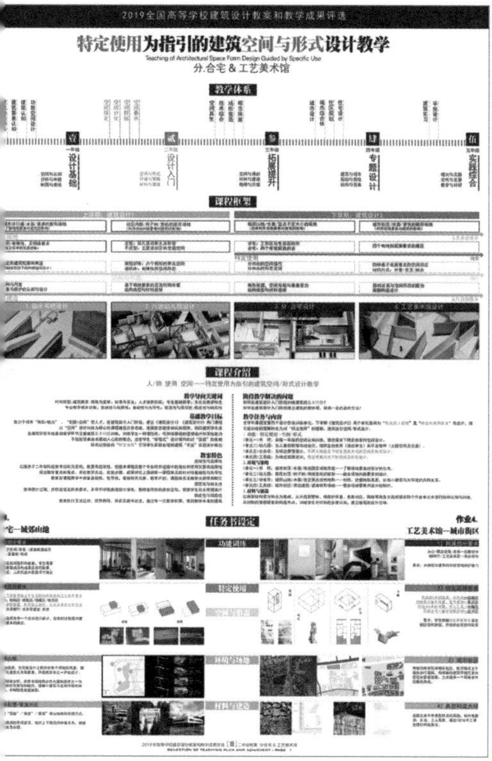
2019全国高等学校建筑设计教案和教学成果评选
特定使用为指引的建筑空间与形式设计教学
Teaching of Architectural Space Form Design Guided by Specific Use
分.合宅 & 工艺美术馆
教学体系
一年级 设计基础
二年级 设计入门
三年级 拓展提升
四年级 专题设计
五年级 实践综合
课程框架
课程介绍
人/物 使用 空间——特定使用为指引的建筑空间/形式设计教学
教学导向关键词
基础教学目标
教案特色
阶段教学解决的问题
教学任务与内容
任务书设定
作业4.
工艺美术馆—城市街区
功能训练
特定使用
环境与场地
材料与建造

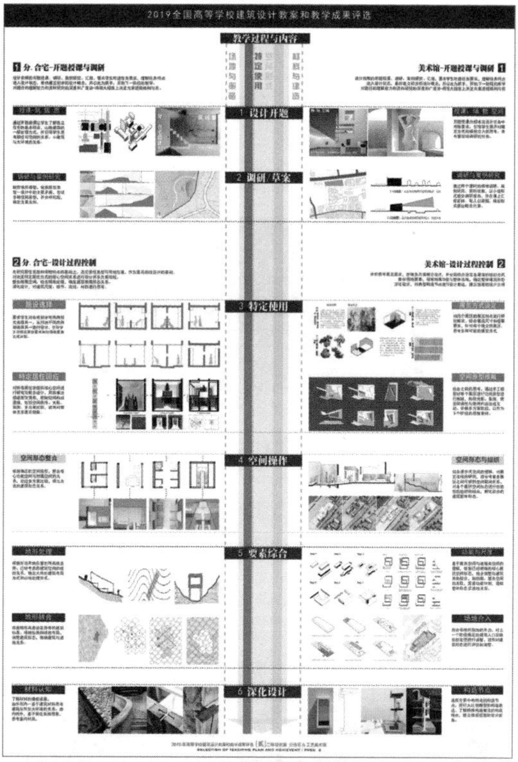
2019全国高等学校建筑设计教案和教学成果评选
教学过程与内容
1 分.合宅-开题授课与调研
美术馆-开题授课与调研 1
1 设计开题
2 调研/草案
2 分.合宅-设计过程控制
美术馆-设计过程控制 2
3 特定使用
4 空间操作
5 要素综合
6 深化设计

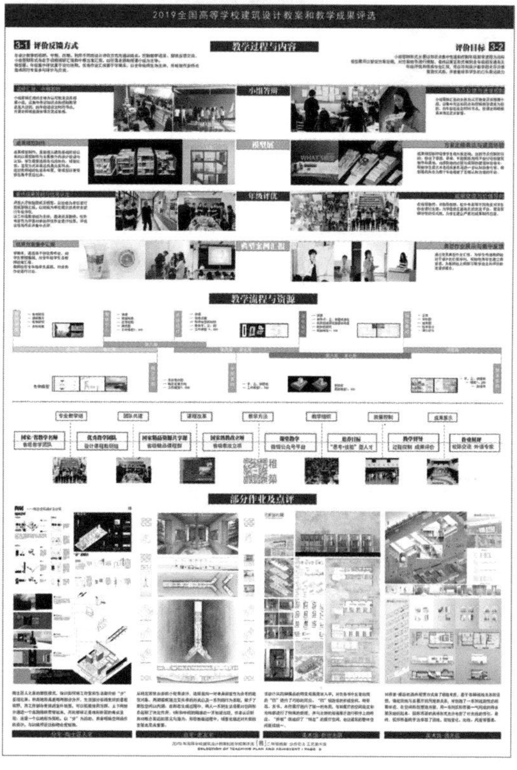
2019全国高等学校建筑设计教案和教学成果评选
3-1 评价反馈方式
教学过程与内容
评价目标 3-2
小组答辩
模型展
年级评优
教学流程与资源
部分作业及点评

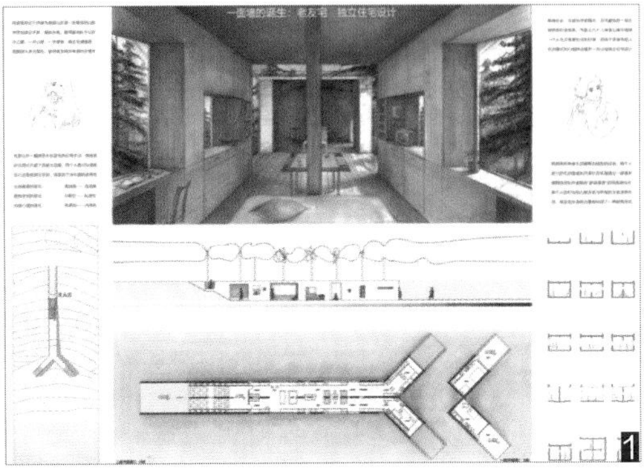
1

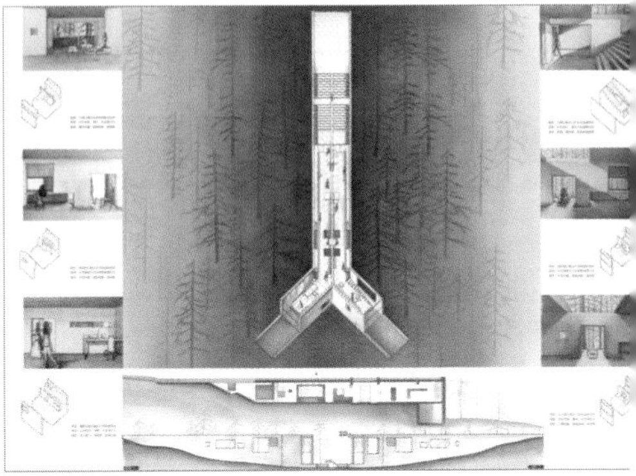

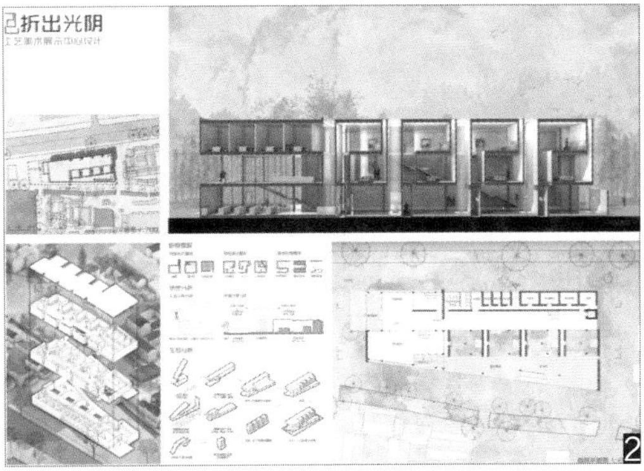
折出光阴
工艺美术展示中心设计
2

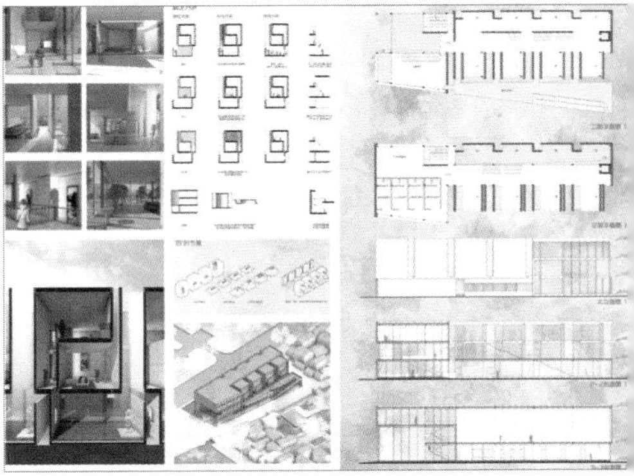

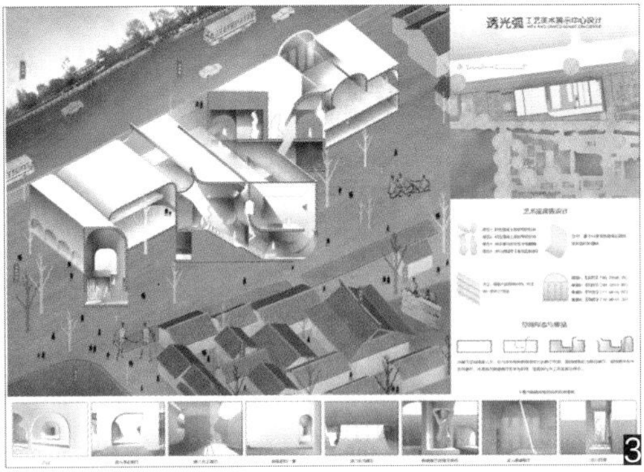
透光弧
工艺美术展示中心设计
3

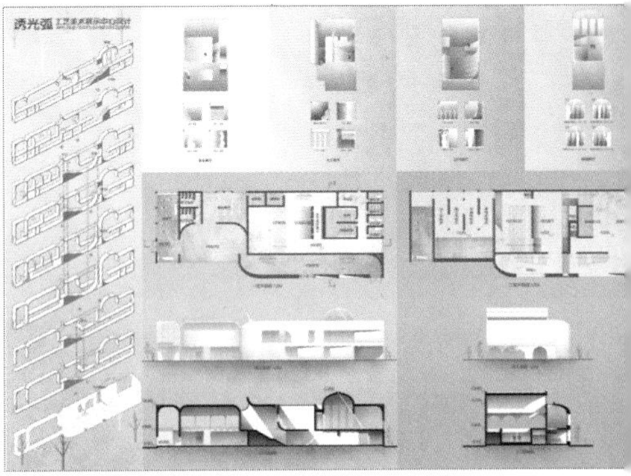
透光弧
工艺美术展示中心设计

从空间感知到场景呈现
——模型工具导向的书屋设计课程教案

西安建筑科技大学建筑学院

扫码点击“立即阅读”，
浏览线上图片

1. 课程信息：

书屋设计是建筑设计专题1（学时：40小时+专业周）的设计课题，是学生升入大二后接触到的第一个设计短题，它是从建筑初步转向建筑专业设计的衔接课程，是专业培养的第一阶段。

建筑设计专题1作为建筑设计Ⅰ（学时：80小时+专业周）的前驱课程，强调设计练习，为建筑设计Ⅰ打基础。

建筑设计专题1着重培养学生对单一空间建筑的设计综合能力，强调建筑设计基本功的训练，让学生熟悉并掌握基本的建筑设计流程、方法以及表达方式。

2. 教学目标：

课程从认知/体验、场所/环境、空间/行为、材质/建构四个方面进行建筑设计训练及整合。

以生活体验为起点，以空间设计为核心，强调建筑基本功的培养。

具体目标如下

（1）制图能力 掌握基本建筑制图规范、方法技巧及表现方式。

（2）模型能力 掌握用手工模型观察空间以及表达设计的方法。

（3）设计方法 熟悉建筑设计的基本流程以及空间的生成方法。

（4）场地环境 了解场地环境与设计的联系以及对设计的影响。

（5）材质建构 了解材质建构的基本原理以及对设计的影响。

3. 教学重点：

（1）规范建筑制图。强调建筑基本功的培养，让学生掌握基本的工具制图方法，用建筑总平面图、平面图、立面图、剖面图等基本建筑学语汇准确表达建筑设计。

（2）模型辅助设计。各教学环节中通过从1：200体块模型到1：30空间场景模型的制作，辅助设计的深化推进，让学生掌握用模型工具感知空间、观察空间、推敲空间、表达空间，最终实现场景呈现的方法和能力。

4. 教学方法：

（1）“分解+整合”将整体教学分解为6周6阶段，具体到每节课的教学内容，注重前后课程的衔接和整合。

（2）“设计+理论”教学中以空间设计方法训练为主，辅以理论灌输。在教学环节中增加相关内容的建筑语汇解释，建立老师和学生之间的交流语境，引导并鼓励学生课外延伸自学。

（3）“图纸＋模型”图纸和模型并重，强化建筑基本制图能力和模型能力的训练。要求用手工模型辅助推敲并设计。

（4）“个体＋集体”对学生进行分组辅导，形成“个别辅导＋小组讨论＋组间交流＋集中讲解”的模式，培养学生思考习惯，提高课堂效率。

5.课程内容：

（1）选题背景：（1）适宜难度、学时较短、规模较小；（2）贴近生活、认同感强、容易调研；（3）体量限定、强调内部、弱化外观。

（2）功能设置：公共区域：接待服务、阅览、论坛；后勤辅助：办公、更衣、操作、卫生间；室外空间：与周边道路、环境的关系。

（3）基地选址：两处选择，其一在西安建筑科技大学本部北侧教学区，南临建设东路，基地位于两栋商业建筑之间；其二在西安柏树林街道西侧，基地位于两栋底层商铺间，设计将满足周边人群的书籍购买、阅读、交流等空间需求。

6.教学过程：

6周×6阶段

阶段一：空间的感知（第1周/8学时）。包括两个环节：Part1原理讲解；Part2案例研究。

阶段二：空间的界定（第2周/8学时）。包括两个环节：Part3场地分析；Part4体量界定。

阶段三：空间的生成（第3周/8学时）。包括两个环节：Part5分化；Part6转译。

阶段四：空间的调整（第4周/8学时）。包括两个环节：Part7结构；Part8尺度。

阶段五：空间的深化（第5周/8学时）。包括两个环节：Part9洞口；Part10材质。

阶段六：空间的呈现（设计周/1课时）。

优秀作业1：书屋设计——叠阅书屋 设计者：朱浩庆
优秀作业2：书屋设计——静读小苑 设计者：李俊杰
优秀作业3：书屋设计——书·丘 设计者：徐匡泓

编撰/主持此教案的教师姓名：陈静
参与教师姓名：陈静、李立敏、高博、李建红、成辉、王怡琼、吴冠宇、党瑞、王芙蓉、周文霞、许晓东 、陈雅兰、王瑞鑫、陈敬、来嘉隆

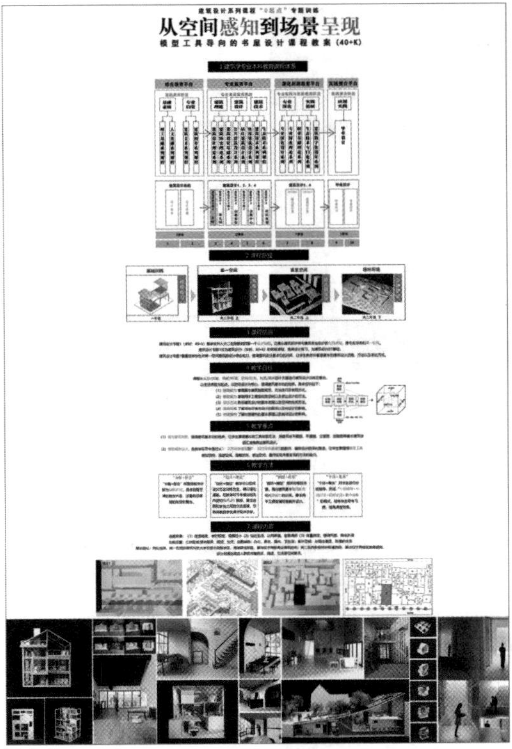
从空间感知到场景呈现
模型工具导向的书屋设计课程教案（40+K）

6周×6阶段
阶段一：空间的感知
阶段二：空间的界定
阶段三：空间的生成
阶段四：空间的调整
阶段五：空间的深化
阶段六：空间的呈现

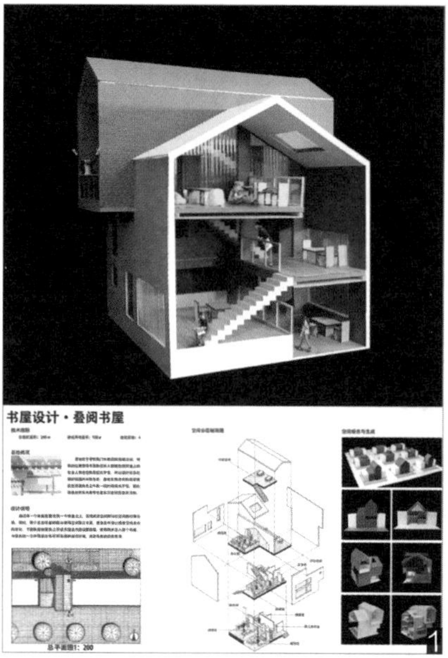
书屋设计·叠阅书屋
1

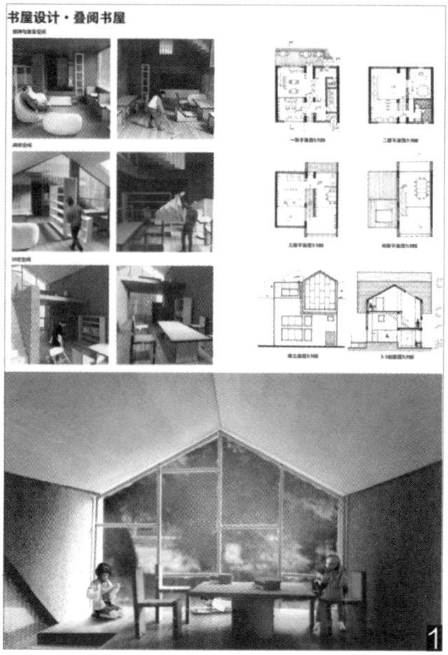
书屋设计·叠阅书屋
1

书屋设计|静读小苑
Bookhouse Design
2

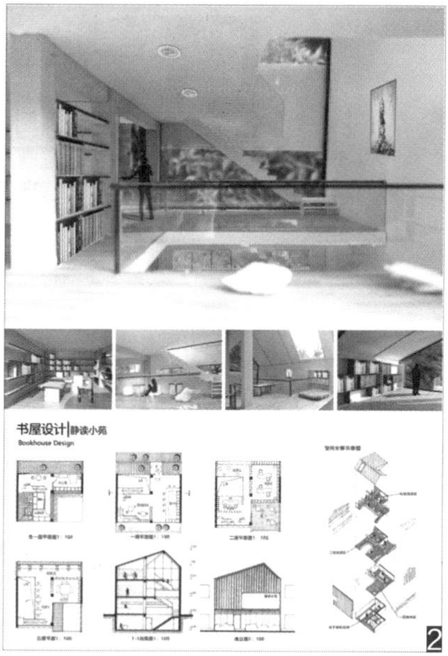
书屋设计|静读小苑
Bookhouse Design
2

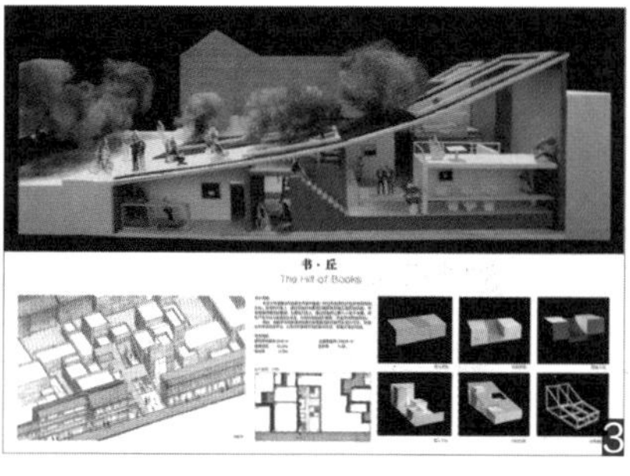
书·丘
The Hill of Books
3

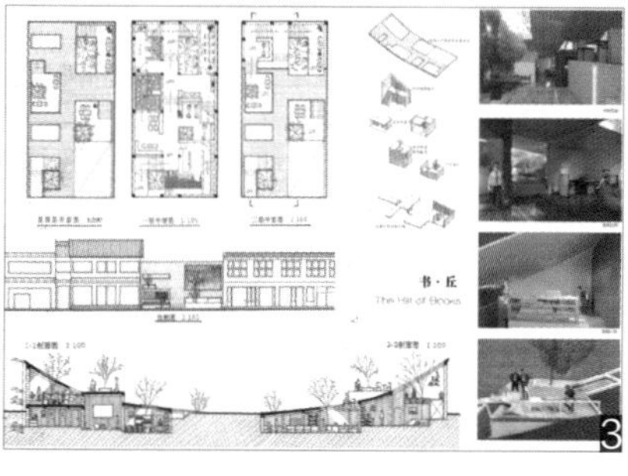
书·丘
The Hill of Books
3

以建筑学认知规律为线索的基础教学课程

西安建筑科技大学建筑学院

扫码点击“立即阅读”，
浏览线上图片

1. 课程的原则：

（1）“相信自在具足”：

教育不应该是一种灌输，而是启智。不要去模仿任何人，而是做最好的自己。

（2）“达到心意呈现”：

好的设计是基于自己对世界的触摸，对生活的体验。呈现自己的心意，呈现对别人、对世界的心意。心意呈现的实质是“爱”，爱生活，爱他（她）人，爱世界。

2. 课程的 4 条主线：

（1）生活与想象；（2）空间与形态；（3）材料与建构；（4）场所与文脉

3. 二年级整体课程构架：

二年级上：

（1）间的潜力：单一空间设计，从观察自己开始——我；（2）间的组织：重复空间设计，定义公共生活——我们

二年级下：

客舍设计：多样性空间设计，由己及人——他们。

4. 小客舍课程内容：

本课题选址于西安北院门历史街区和碑林历史街区中的两块用地。前者毗邻一组保存较好的老宅院——北院门 144 号院（即高家大院），呈矩形用地。后者位于安居巷与东木头市街的交叉口，呈 L 形用地。学生被平均分为 10 间、20 间、30 间三种不同的客房数量进行设计。要求在对街区和酒店生活的自我体验与认知基础上，提出设计概念与切入点，然后自拟任务书，探讨设计的多种可能性。

两个地块都处于高密度的历史街区中，需要学生首先展开细致的场地分析，其次根据分析展开生活与想象并提出合理的切入点，然后进行空间与形态的组织，最后完成材料与建构。

优秀作业 1：客舍—守望 设计者：牟子雍

优秀作业 2：客舍—穿墙看巷 设计者：张碧荷

优秀作业 3：客舍—邻 · 居 设计者：李牧纯

编撰 / 主持此教案的教师姓名：刘克成、吴瑞

参与教师姓名：刘克成、吴瑞、杨乐、王璐、王毛真、王文韬、项阳、田虎、石媛、刘超、侯冰洋

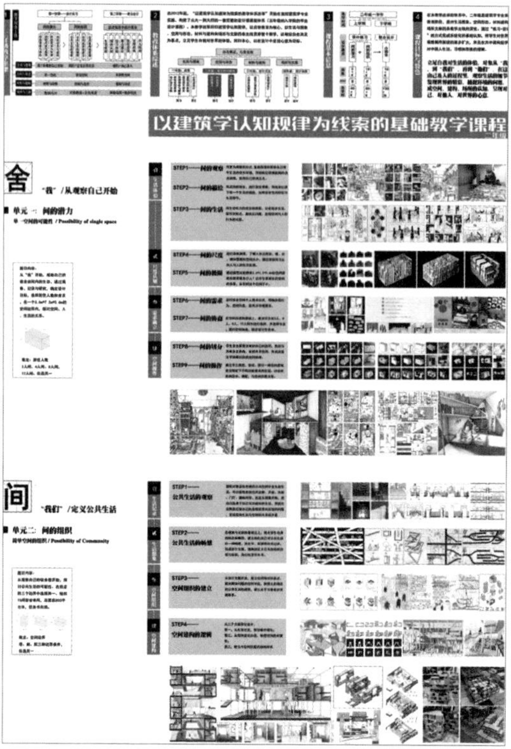
以建筑学认知规律为线索的基础教学课程
舍
"我"/从观察自己开始
单元一：间的潜力
单一空间的可能性 / Possibility of single space
STEP1
STEP2
STEP3
STEP4
STEP5
STEP6
STEP7
STEP8
STEP9
间
"我们"/定义公共生活
单元二：间的组织
简单空间的组织 / Possibility of Community
STEP1——公共生活的观察
STEP2——公共生活的畅想
STEP3——空间组织的建立
STEP4——空间结构的逻辑

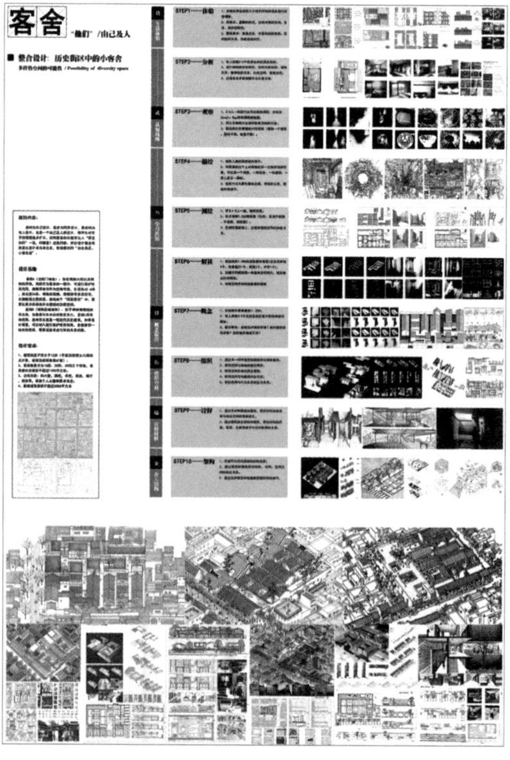
客舍
"他们"/由己及人
整合设计：历史街区中的小客舍
多样性空间的可能性 / Possibility of diversity space
STEP1
STEP2
STEP3
STEP4
STEP5
STEP6
STEP7
STEP8
STEP9
STEP10

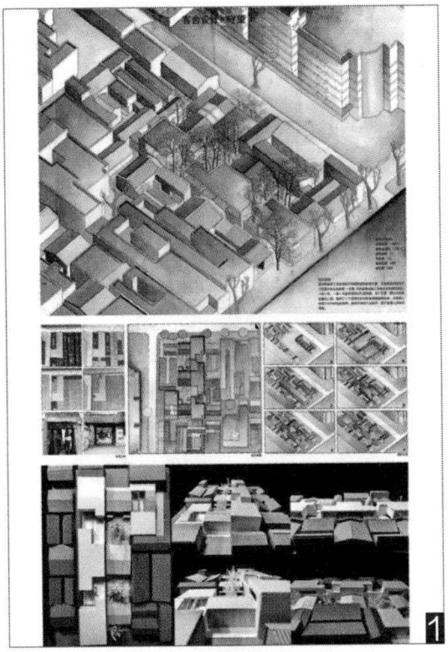

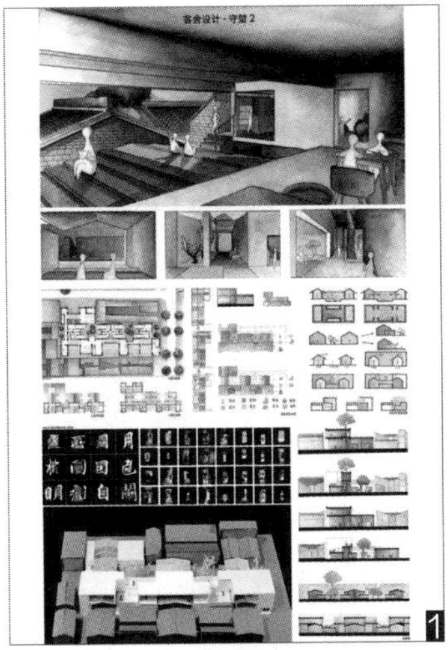
客舍设计·守望2

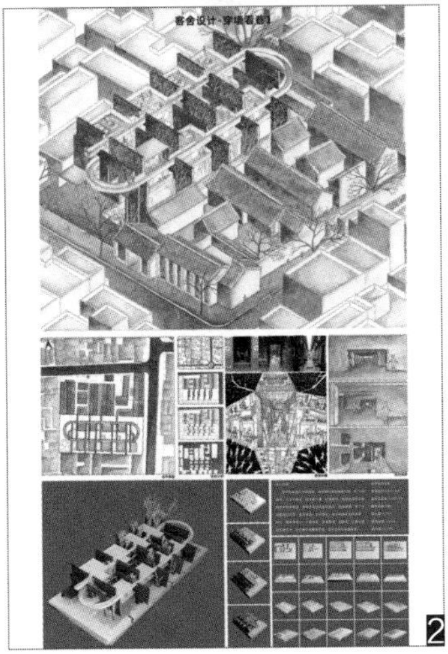

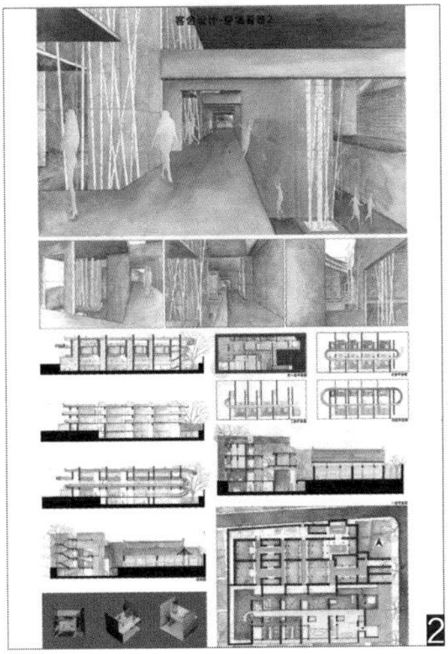

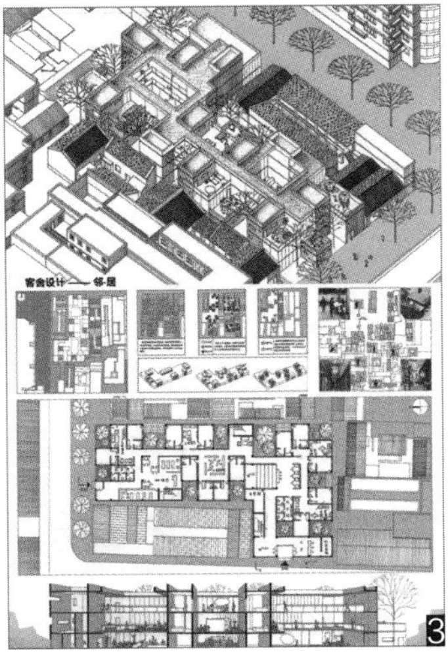

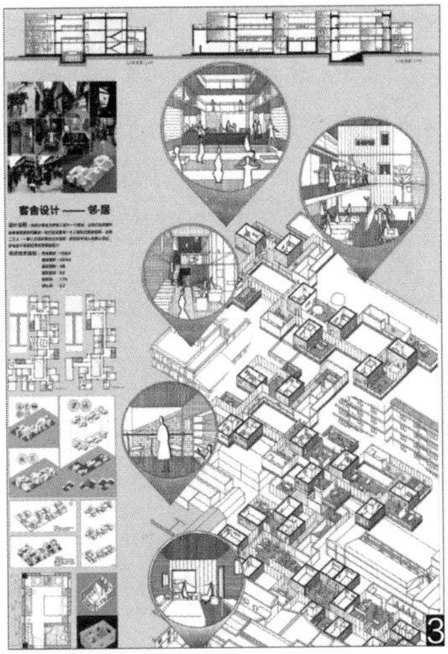

设计起步：长题筑基，四步进阶
——从场地认知到空间建构

重庆大学建筑城规学院

扫码点击“立即阅读”，
浏览线上图片

1. 教学体系——设计起步，课程支撑。本教案是二年级（上）的设计课程教案，学院本科“2+2+1”的教学体系中，二年级设计课程属于“基础平台”里的“设计起步”阶段。学院开设相关课程，从观念知识、方法技能、技术原理多层面提供有力支撑。

2. 教学目标——通过本设计课程，让学生体验“设计全程”扎根稳健起步，掌握“分阶递进”设计推进方法，培养“分析比选”设计思维能力。

3. 教改要点——长题筑基，四步进阶。从教改前的两个 8 周常规课题，调整为一个 16 周的特设长题，实现阶段补足和思维突破。四步进阶包括：概念生成、总体设计、空间设计、建构设计。分别从场地认知与功能策划、总体布局与形态体量、空间系统与节点界面、结构体系与材料构造等层面开展分析比选训练。

4. 课题设置——立足日常，多元并举。选择学生日常生活时常接触的校园内用地进行小型公共活动空间设计。要求学生基于场地认知和功能策划，辨识场地特性，做出设计应对。

5. 教学路线——概念生成根植场地，设计主脉纵贯推进，节点分支次第拓展。以“设计基础 + 生活经验 + 现场体验 + 访谈调查 + 理论文献”为土壤，以场地认知和功能策划为根基，生成设计概念。以“总体设计 - 空间设计 - 建构设计”为设计主脉，逐级推动方案生成。从设计主脉分出若干层级设计要点，围绕系统思维关键节点，激发对比研究设计思维。

6. 教学组织——环节控制，进阶示例。环节控制：通过观察访谈进行信息采集和意见分析；通过角色扮演模拟不同需求，促成换位思考；通过案例研究分析设计策略，理清设计逻辑；通过头脑风暴探讨若干可能，触发设计创意；通过实景融入，激活情境想象，模拟现场体验；通过现场评讲，重返场地，直观检验设计效果；通过方案比选，拓展设计思维，引导价值判断；通过空间漫游，强调人性化视角，利用数字模型检视设计；通过公开展评，征询多方意见，实现公众参与；通过教学总结，形成师生互动，反馈完善教学。进阶示例：从概念生成、总体设计、空间设计和建构设计四个阶段展示了学生从场地认知到功能策划，从方案比选到定案深化的学习过程和阶段成果。

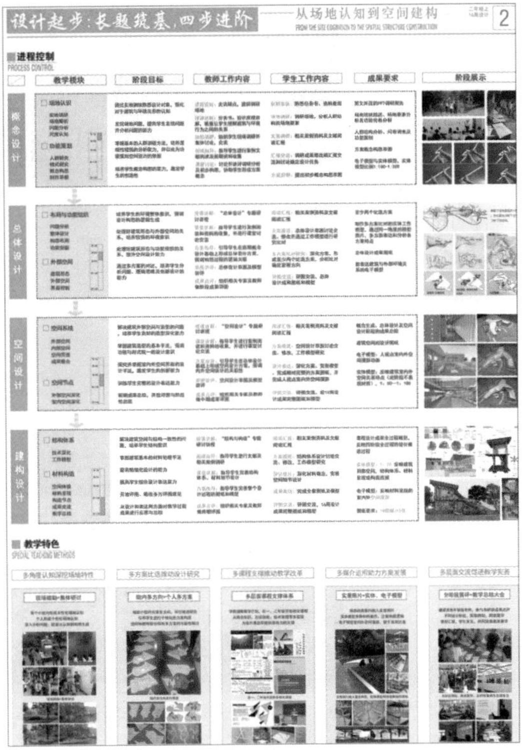

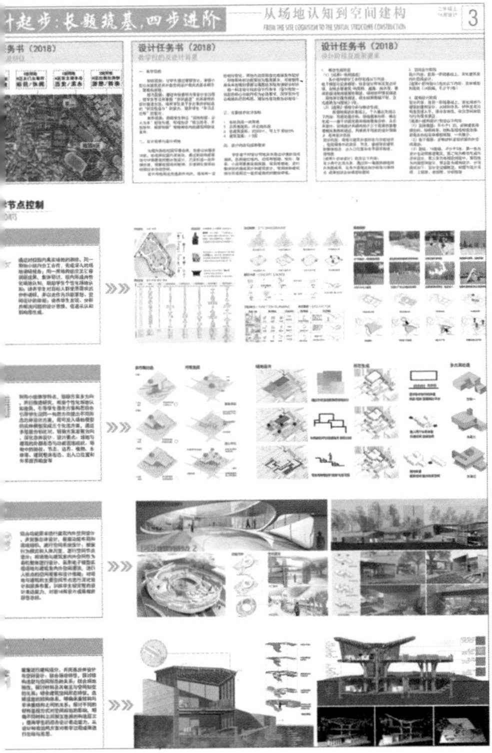

优秀作业 1：翼——民主湖和平文化沙龙设计 设计者：谭金樱

优秀作业 2：悬方——学生活动中心设计 设计者：黄旭天

优秀作业 3：不拘一格——老年活动中心设计 设计者：赵珺然

编撰 / 主持此教案的教师姓名：陈俊

参与教师姓名：陈俊、陈科、刘彦君、李骏、龙灏、卢峰、马跃峰、林桦、黄珂、郑曦、张洁、曾旭东、张海滨、李建华、冷婕

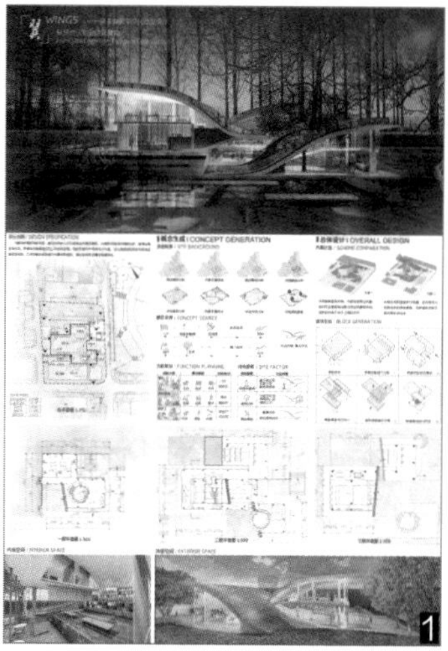
WINGS
CONCEPT GENERATION
OVERALL DESIGN
1

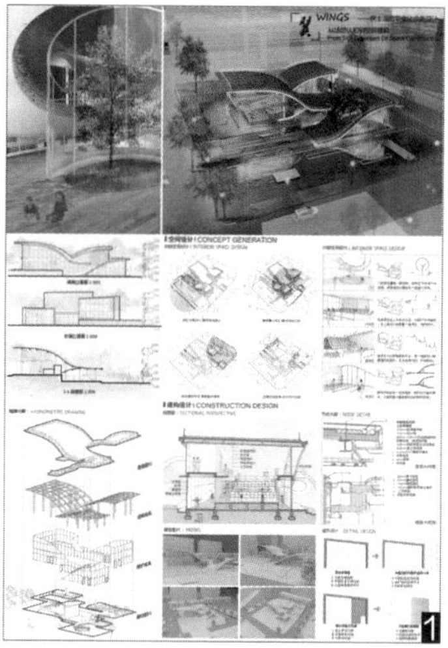
WINGS
CONCEPT GENERATION
CONSTRUCTION DESIGN
1

悬方
2

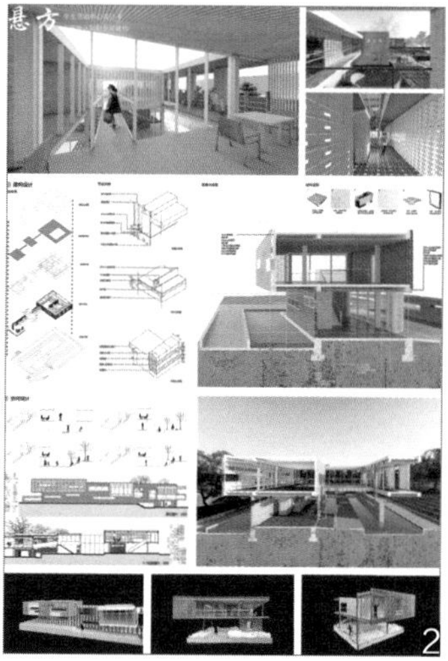
悬方
2

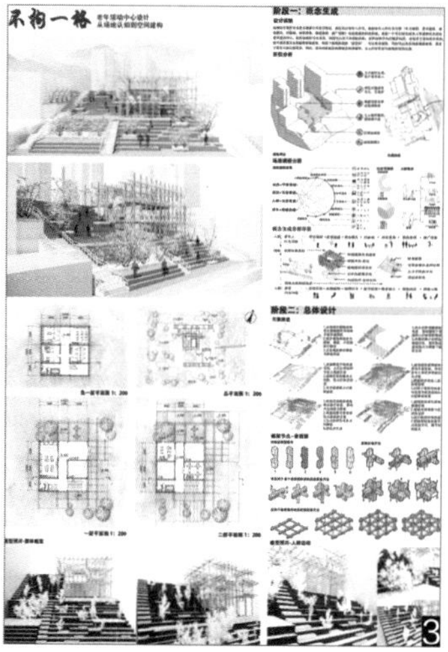
不拘一格
老年活动中心设计
从场地认知到空间建构
阶段一：概念生成
阶段二：总体设计
3

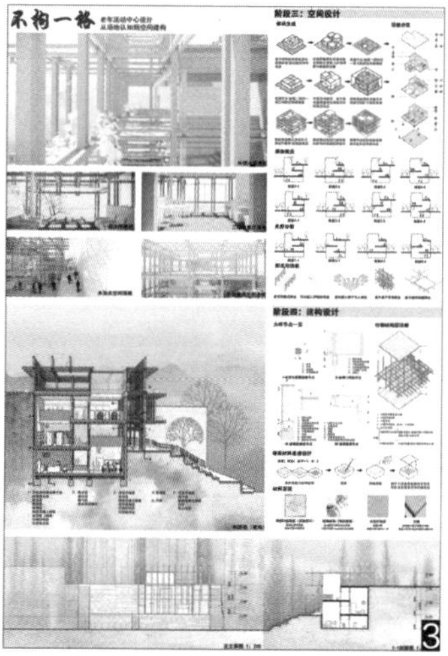
不拘一格
老年活动中心设计
从场地认知到空间建构
阶段三：空间设计
阶段四：结构设计
3

“书店 +”| 一次城市微型活力建筑的开放式设计教学尝试

华南理工大学建筑学院

扫码点击“立即阅读”，
浏览线上图片

本设计题目的教学目标：

在二年级的教学体系中，联动同一学期平行的构造理论课，让学生做一个小而精的建筑设计。

对于小建筑，增加教学的开放性，让学生尝试自主策划，自主分配功能空间，而不是去套面积，培养分析场地、分析现状的能力；同时，培养学生空间创造能力，回应这次作业“场所建构”的培养目标。并且，让老师的教学和学生的学习过程跟社会更多地接轨。

本设计题目的教学方法：

通过邀请书店创始人来校讲座，以及组织学生实地参观新型书店和设计场地，激发学生设计热情，采用半限定的弹性任务书，学生可进行内容策划，从而产生设计概念。在建筑设计中，强调室内外一体化设计，强调材质表达空间的能力，让学生绘制 1：20 的剖立面墙身大样。最后推优秀成果到书店中展览和公开答辩。模型制作和草图贯穿设计全过程，强调过程设计对建筑设计的重要性。

优秀作业 1：墨韵书阁——书店 + 设计者：高肖帆
优秀作业 2：街巷里——书店 + 设计者：胡森
优秀作业 3：弦书坊——书店 + 设计者：赵明嫣

编撰 / 主持此教案的教师姓名：钟冠球
参与教师姓名：陈昌勇、莫浙娟、苏平、庄少庞、陈建华、郭祥、魏开、许吉航、王朔、傅娟、邓巧明、张智敏、田瑞丰、禤文昊、林佳、钟冠球

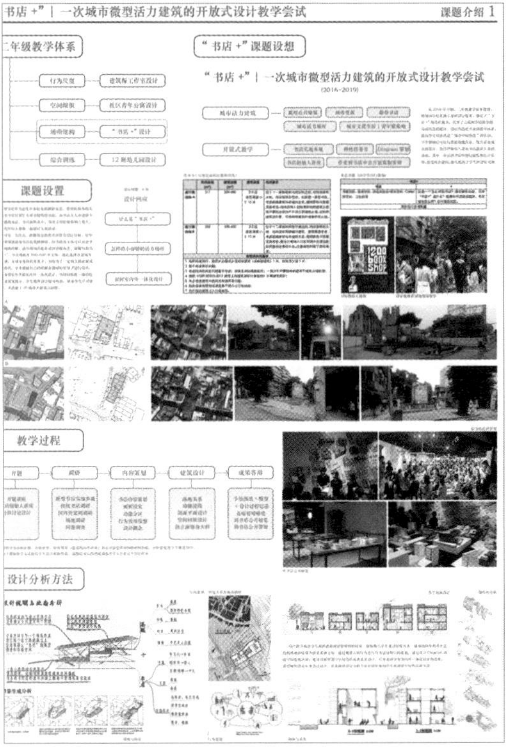
书店 +”| 一次城市微型活力建筑的开放式设计教学尝试
课题介绍 1
二年级教学体系
行为尺度
建筑师工作室设计
空间限制
社区青年公寓设计
场所建构
“书店 +”设计
综合训练
12 班幼儿园设计
“书店 +”课题设想
“书店 +”| 一次城市微型活力建筑的开放式设计教学尝试
(2016-2019)
城市活力建筑
开放式教学
课题设置
教学过程
开题
调研
内容策划
建筑设计
成果答辩
设计分析方法

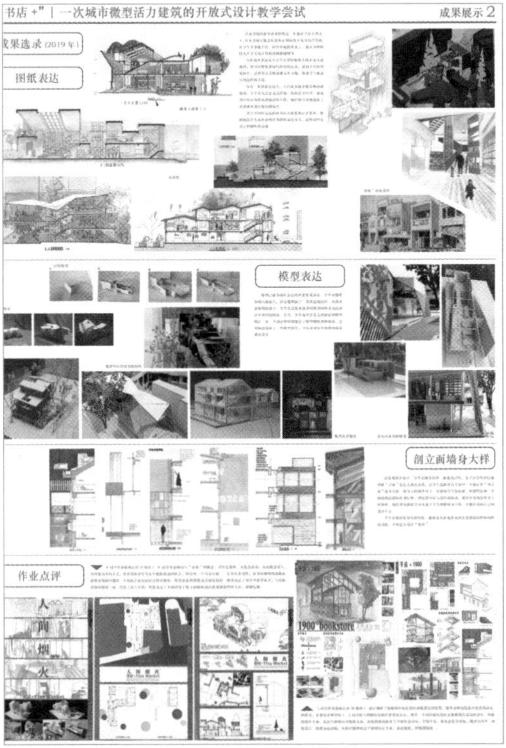
书店 +”| 一次城市微型活力建筑的开放式设计教学尝试
成果展示 2
成果选录 (2019 年)
图纸表达
模型表达
剖立面墙身大样
作业点评
1900 bookstore

墨韵书阁
复合业态书店·壹
一书店+一方案设计
1

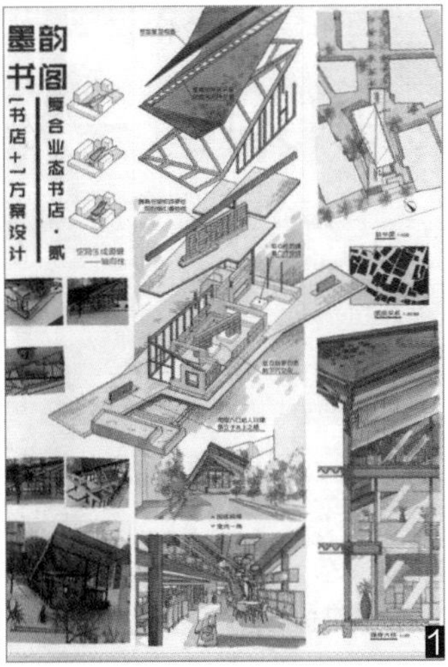
墨韵书阁
一书店+一方案设计
复合业态书店·贰
1

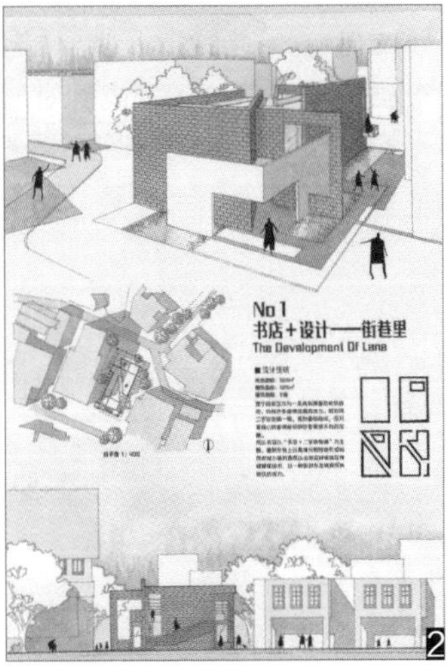
No.1
书店+设计——街巷里
The Development Of Lane
2

No.2
书店+设计——街巷里
The Development Of Lane
2

设计说明
书店+传统工坊
弦书坊
3

书店+传统工坊-2
弦书坊
3

建筑设计入门（一）

香港中文大学建筑学院

扫码点击“立即阅读”，
浏览线上图片

“建筑设计入门（一）”通过一个结构有序的练习过程分别探讨建筑设计的四个基本问题，即建筑空间的形成、生活如何决定空间、空间的建造以及城市空间的形成。与4个基本问题相对应的是4个既独立又相互关联的设计课题，即亭、室、厅和园。这是一个假设的大学校园中为访问学者设计的临时园区。亭、室和厅分别作为独立的设计，最后成为园的一个组成部分而形成一个整体。每个设计包含若干个相互关联的练习，每个练习有明确的训练目的，或针对设计的推进，或针对建筑作图，或针对建筑空间的表现。如此，复杂的建筑设计变得“可教”和“可学”。

优秀作业1：建筑设计入门（一）设计者：HUNG Kwong Yau
优秀作业2：建筑设计入门（一） 设计者：LEE Jounghyun

编撰/主持此教案的教师姓名：顾大庆
参与教师姓名：曹震宇、冯国安、韩曼、韩晓峰、史永高、孙炜玮、任中琦、王卡、吴瑞、朱昊昊、Filipe AFONZO、Billy CHAN、Florence CHAN、Winnie CHAN、Maggie MA、Sarah MUI、 Allen POON、Neil SANSOM、Ida SZE、Paul TSE、Caroline WÜTHRICH、Gary YEUNG、韩如意、吴佳维、徐亮、张铁伟、朱逸涛

建筑设计入门（一）｜ 课程大纲

《建筑设计入门（一）》通过一个结构有序的练习过程分别探讨建筑设计的四个基本问题，即建筑空间的形成、生活如何决定空间、空间的建造以及城市空间的形成。与四个基本问题相对应是四个既独立又相互关联的设计课题，即亭、室、厅和园。这是一个假设的大学校园中为访问学者设计的临时园区。亭、室和厅分别作为独立的设计，最后成为园的一个组成部分而形成一个整体。每个设计包含若干个相互关联的练习，每个练习有明确的训练目的，或针对设计的推进，或针对建筑作图，或针对建筑空间的表现。如此，复杂的建筑设计变的“可教”和“可学”。

1 亭｜空间
pavilion | space

“亭”是一个开放的、由板片形成的、供人们进行观览或的建筑物，也可以是一个场所的地标。这是一个关于空间生成、建筑学问题和建筑设计工作方法的基本练习，这个作业的主题是建筑学的基本语构——空间。我们用板片作为空间生成的基本要素。

1.1 用五块板片设计一个亭子
用5块假定大小的板片盖一个亭子（1:30），限定了三种板与板的搭接方式，即连接、搭接和插接。要求做出一个结构稳定、语言一致以及丰富的空间体。

1.2 作图法基础
基于完成的模型来绘制建筑的三视图：平面、剖面和立面。学习建筑制图的基本方法，包括如何使用铅笔、如何在图纸上进行构图，以及如何通过调节线的粗细来加强内容的表达。

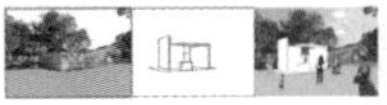

1.3 把亭子置入场地
最后一个任务是将亭子置入校园环境，通过照相拼贴的手段来创造一个场所的氛围。学习如何拍摄模型照片，认识透视的基本要素和原理，把握亭子、校园环境和人物之间的尺度关系。

2 室｜人居
room | habitation

“室”是一个用来人们起居和工作的“容器”，这个课题以人的活动为设计起点，关注人体、家具、空间和外界（开放）的互动。设计一个供访问大学的交换生或学者在校园内短期逗留的居住单元，包括基本的居住和工作功能。家具一个空间容积，我们通过家具的安排来满足居住和工作的要求。如此，练习的重点就在于人的活动、家具布置、空间与体量以及开启几者之间的互动。

2.1 体块模型及框架模型
先在一个标准的基本体块基础上加一至两块附加体块，得到一个独特的体块（1:50），将体块模型转换成框架模型（1:20），再在其内用给定的家具来安排生活和工作空间。

2.2 概念模型及建筑模型
用一个抽象的构思模型来表达提炼出框架和家具模型的核心空间概念（1:50），然后在1:20的框架和家具模型上用纸张进行围合与开启的研究，最后制作一个1:20的成果模型。

2.3 作图
根据完成的模型来绘制建筑建筑图：平面、立面和剖面（1:50），一个表达空间意图的轴测图，以及抽象图解，A2图纸，铅笔。

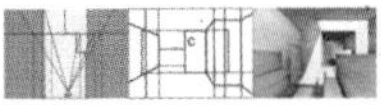

2.4 室内透视渲染
最后，学习一点透视的作图法，绘制一个室内的透视，并且用炭精粉渲染方法来表达空间、开启和光影的关系，A2图纸，可以借助直接观察和拍摄来辅助对空间的感知。

3 厅｜建造
hall | construction

“厅”是一个木结构的单一的、围合的大空间，可供人们作各种集体活动之用，也是一个社区的中心。这个课题以建造的材料和结构作为设计的出发点，关注人体、结构和空间的互动。杆件不仅仅起到结构的作用，也是空间限定的要素。

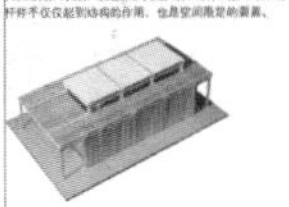

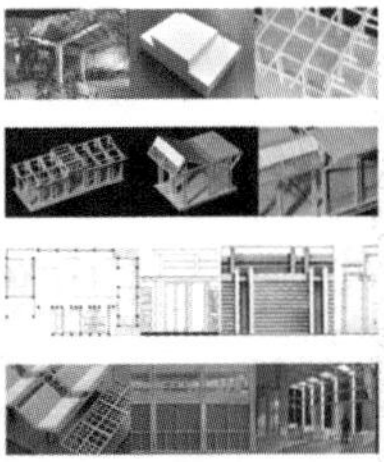

3.1 结构与空间体系
用杆件尝试搭建一个空间，其中必须有一个可以容纳集体活动的大空间，建筑有两个高度，研究的重点在于寻找一个结构和空间的概念。模型1:50。

3.2 建造与围合
在前一个模型的基础上制作一个1:20的局部模型进一步研究屋顶的覆盖以及墙身的围合等细节问题。

3.3 作图
参照前两个模型，下一步就是通过作图来进一步确定最后的设计以及相关尺寸，1:100的平立剖面图，1:20的局部剖面图和立面大样关系图，以及结构和空间体系图解。

3.4 拍摄模型室内
最后，制作1:20的成果模型，并用模型来拍摄建筑的室内照片来表现空间感受。

4 园｜城市
campus | urbanization

“园”是一个由一个作为地标或入口的“亭”、20个居住单元的“室”和一个作为社区活动中心的“厅”所组成的临时性校园，供交换学生或访问学者使用。研究的重点在于外部空间的组织：街道、广场和庭院，及其相互之间的关系。

4.1 场地组织的初步尝试
用“室”作为构成城市空间的基本单元来尝试形成街道和广场空间。每一个不同的“室”的特殊的体量和内部空间关系提示不同的组合的可能性，从而创造不同的街道和广场空间。1:50模型研究。

4.2 概念模型及最终模型
发展确定场地组织的初步研究进行概念的概括，进一步研究场地的整体结构以及街道、广场和庭院空间的品质，最后完成一个1:50的成果模型。

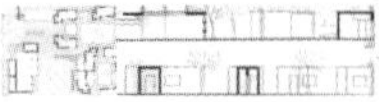

4.3 作图
最后，绘制总平面图，要求表现建筑的平面以及铺地图，此外，场地立面表达场地的垂直向的组织，场地剖面表达建筑内外空间的关系。

4.4 效果图
绘制一幅表达建筑与场地、场地与周围环境关系的渲染透视图。该作业需要运用在模型研究课程中学习到的有关知识和技术，如透视作图法以及光影表现技法。

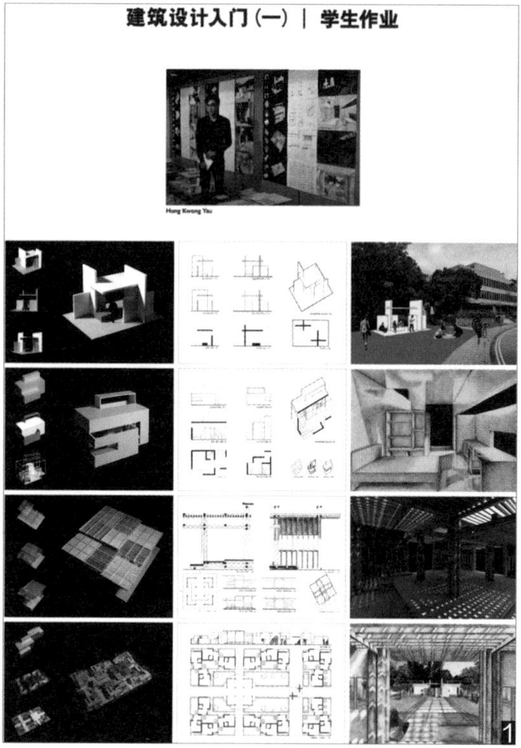
建筑设计入门（一） | 学生作业
Hong Kwong Yau
1

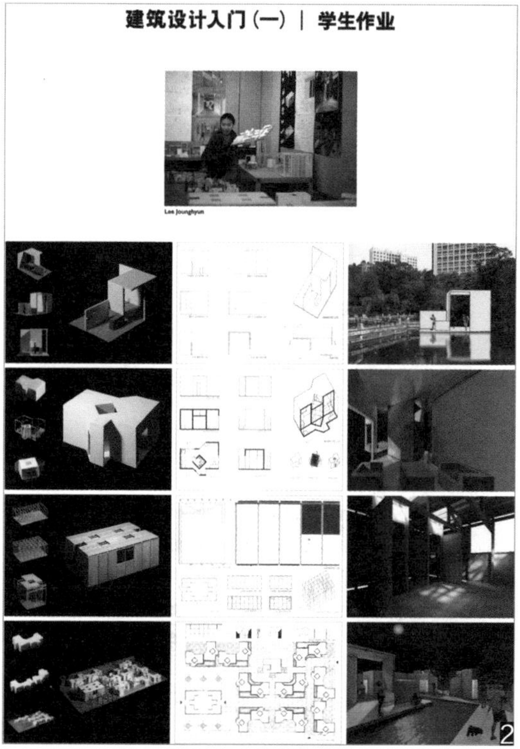
建筑设计入门（一） | 学生作业
Lee Jounghyun
2

从空间操作到场所营造的设计探索
——九班幼儿园设计教案

长安大学建筑学院

扫码点击“立即阅读”，
浏览线上图片

二年级建筑设计课在整个设计课教学体系中处于“承前启后”的过渡阶段：上学期继续深化“空间操作”主题以承接一年级设计基础教学内容，下学期则以“场所营造”为主题过渡至三年级设计教学内容。幼儿园建筑设计为上学期第二个题目，历时9~10周（根据具体教学计划安排），包括理论讲授、参观调研、方案设计及总结评图等4个教学环节。基于真实地段与任务书，方案设计阶段采用分解递进式教学法，注重引导学生从“空间操作”出发开启方案构思到以“场所营造”为目标进行整合设计。教学过程强调设计方法的传授、基本功的训练、各项能力的培养与协调运用。强化以草图和工作模型作为方案构思和表达的重要手段，在方案构思阶段限制电脑的使用，正图阶段表现方式不限。

优秀作业1：格子 设计者：周子琰
优秀作业2：山间 设计者：陈伟豪
优秀作业3：朋友圈——基于社区空间共享的幼儿园设计 设计者：刘济瑞

编撰/主持此教案的教师姓名：李凌
参与教师姓名：许娟、陈郑淳、王晓敏、鲁子良、高媛、张琳、王芳、谢更放、李东、胡立军、黄威

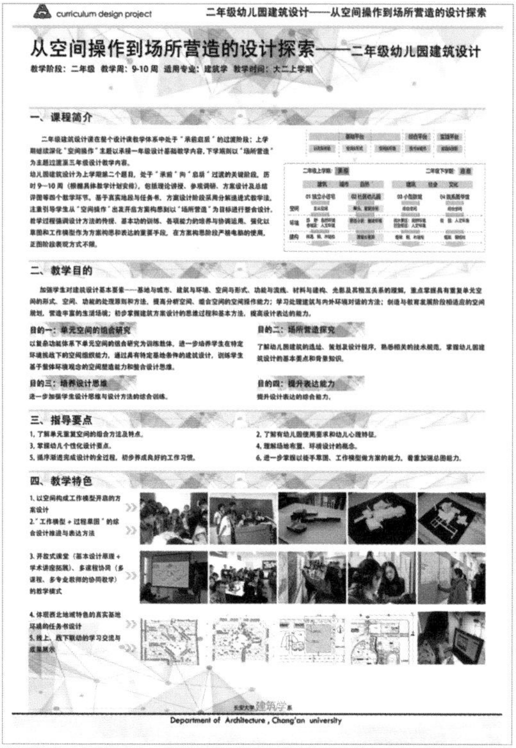
curriculum design project
二年级幼儿园建筑设计——从空间操作到场所营造的设计探索
从空间操作到场所营造的设计探索——二年级幼儿园建筑设计
教学阶段：二年级 教学周：9-10 周 适用专业：建筑学 教学时间：大二上学期
一、课程简介
二年级建筑设计课在整个设计课教学体系中处于"承前启后"的过渡阶段：上学期继续深化"空间操作"主题以承接一年级设计基础教学内容，下学期则以"场所营造"为主题过渡第三年级设计教学内容。
幼儿园建筑设计为上学期第二个题目，处于"承前"向"启后"过渡的关键阶段，历时 9—10 周（根据具体教学计划安排），包括理论讲授、参观调研、方案设计及总结评图等四个教学环节。基于真实地段与任务书，方案设计阶段采用分解递进式教学法，注重引导学生从"空间操作"出发开启方案构思到以"场所营造"为目标进行整合设计。教学过程强调设计方法的传授、基本功的训练、各项能力的培养与协调运用，强化以草图和工作模型作为方案构思和表达的重要手段，在方案构思阶段严格电脑的使用，正图阶段表现方式不限。
二、教学目的
加强学生对建筑设计基本要素——基地与城市、建筑与环境、空间与形式、功能与流线、材料与建构、光影及其相互关系的理解，重点掌握具有重复单元空间的形式、空间、功能的处理原则和方法，提高分析空间、组合空间的空间操作能力；学习处理建筑与内外环境对话的方法；创造与教育发展阶段相适应的空间规划，营造丰富的生活场景；初步掌握建筑方案设计的思维过程和基本方法，提高设计表达的能力。
目的一：单元空间的组合研究
以复杂功能体系下单元空间的组合研究为训练载体，进一步培养学生在特定环境挑战下的空间组织能力，通过具有特定基地条件的建筑设计，训练学生基于整体环境观念的空间塑造能力和整合设计思维。
目的二：场所营造探究
了解幼儿园建筑的选址、策划及设计程序，熟悉相关的技术规范，掌握幼儿园建筑设计的基本要点和背景知识。
目的三：培养设计思维
进一步加强学生设计思维与设计方法的综合训练。
目的四：提升表达能力
提升设计表达的综合能力。
三、指导要点
1. 了解单元重复空间的组合方法及特点。
2. 了解有幼儿园使用要求和幼儿心理特征。
3. 掌握幼儿个性化设计要点。
4. 理解场地布置、环境设计的概念。
5. 循序渐进完成设计的全过程，初步养成良好的工作习惯。
6. 进一步掌握以徒手草图、工作模型做方案的能力，着重加强总图能力。
四、教学特色
1. 以空间构成工作模型开启的方案设计
2."工作模型＋过程草图"的综合设计推进与表达方法
3. 开放式课堂（基本设计原理＋学术讲座拓展）、多课程协同（多课程、多专业教师的协同教学）的教学模式
4. 体现西北地域特色的真实基地环境的任务书设计
5. 线上、线下联动的学习交流与成果展示
长安大学建筑学系
Department of Architecture , Chang'an university

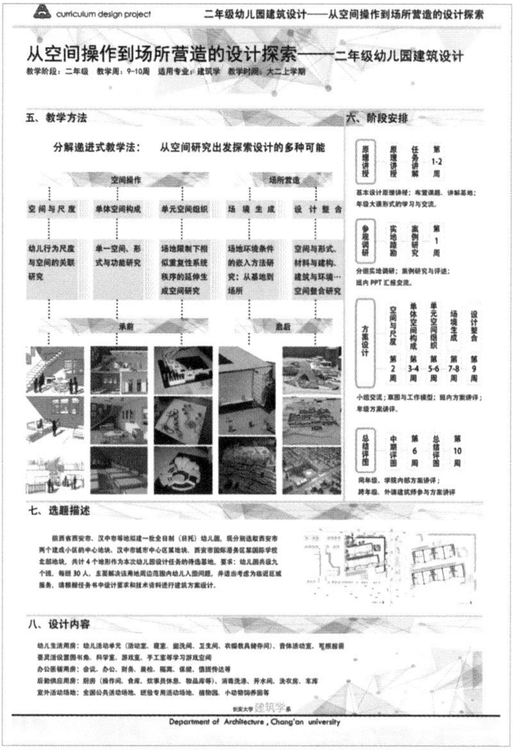
curriculum design project
二年级幼儿园建筑设计——从空间操作到场所营造的设计探索
从空间操作到场所营造的设计探索——二年级幼儿园建筑设计
教学阶段：二年级 教学周：9-10周 适用专业：建筑学 教学时间：大二上学期
五、教学方法
分解递进式教学法： 从空间研究出发探索设计的多种可能
空间操作
场所营造
空间与尺度
单体空间构成
单元空间组织
场境生成
设计整合
幼儿行为尺度与空间的关联研究
单一空间、形式与功能研究
场地限制下相似重复性系统秩序的延伸生成空间研究
场地环境条件的嵌入方法研究：从基地到场所
空间与形式、材料与建构、建筑与环境…空间整合研究
承前
启后
六、阶段安排
原理讲授 原理讲授 任务讲解 第1-2周
基本设计原理讲授；布置课题、讲解基地；年级大课形式的学习与交流。
参观调研 实地踏勘 案例研究 第1周
分组实地调研；案例研究与评述；班内 PPT 汇报交流。
方案设计 空间与尺度 第2周 单体空间构成 第3-4周 单元空间组织 第5-6周 场境生成 第7-8周 设计整合 第9周
小组交流；草图与工作模型；班内方案讲评；年级方案讲评。
总结评图 中期评图 第6周 总结评图 第10周
同年级、学院内部方案讲评；跨年级、外请建筑师参与方案讲评
七、选题描述
陕西省西安市、汉中市等地拟建一栋全日制（日托）幼儿园，现分别选取西安市两个建成小区的中心地块、汉中市城市中心区某地块、西安市国际港务区某国际学校北部地块，共计 4 个地形作为本次幼儿园设计任务的待选基地。要求：幼儿园共设九个班，每班 30 人，主要解决该用地周边范围内幼儿入园问题，并适当考虑为临近区域服务，请根据任务书中设计要求和技术资料进行建筑方案设计。
八、设计内容
幼儿生活用房：幼儿活动单元（活动室、寝室、盥洗间、卫生间、衣帽教具储存间）、音体活动室、可根据需要灵活设置图书角、科学室、游戏室、手工室等学习游戏空间
办公服务用房：会议、办公、财务、晨检、隔离、保健、值班传达等
后勤供应用房：厨房（操作间、食库、炊事员休息、物品库等）、消毒洗涤、开水间、洗衣房、车库
室外活动场地：全园公共活动场地、班级专用活动场地、植物园、小动物饲养园等
长安大学建筑学系
Department of Architecture , Chang'an university

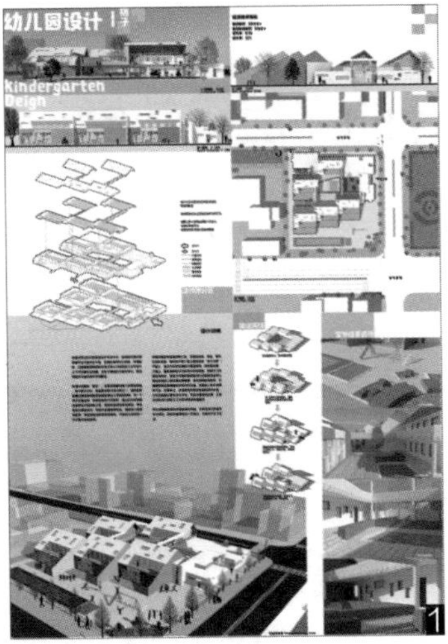
幼儿园设计
Kindergarten
Deign
1

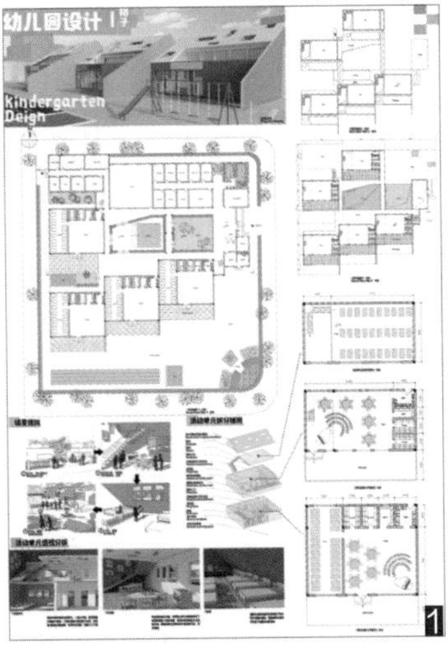
幼儿园设计
Kindergarten
Deign
1

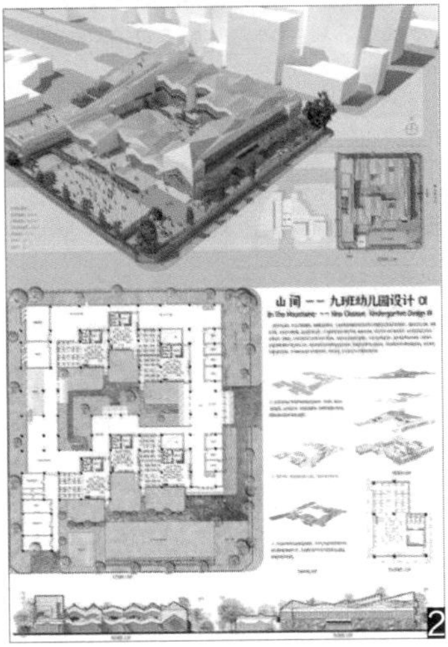
山间 —— 九班幼儿园设计 01
2

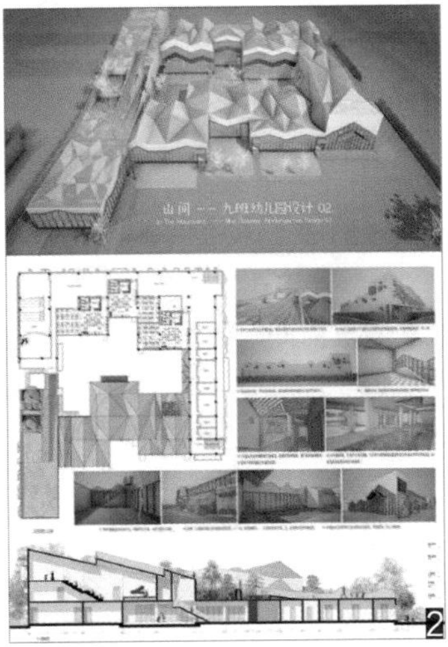
山间 —— 九班幼儿园设计 02
2

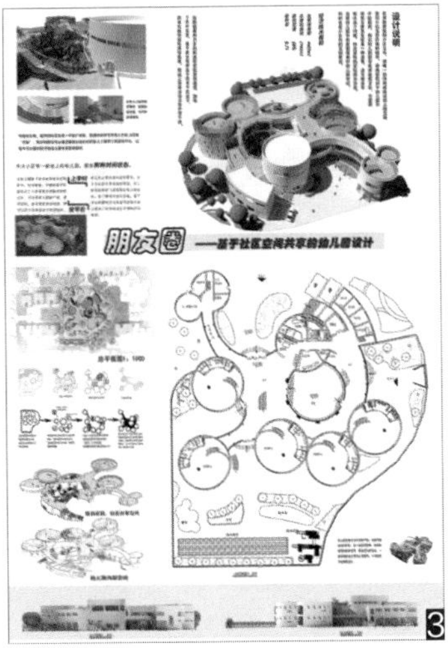
设计说明
朋友圈
——基于社区空间共享的幼儿园设计
3

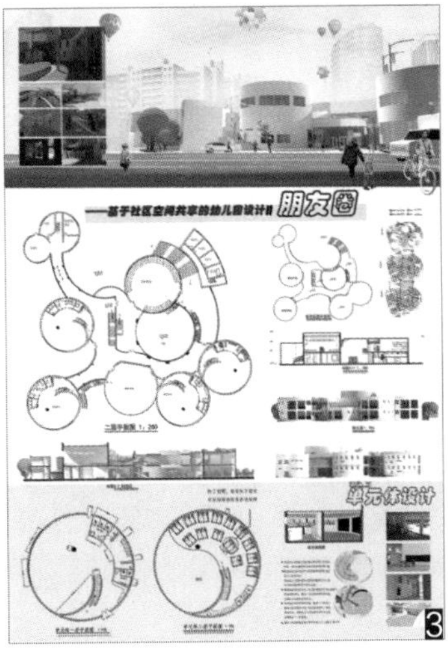
——基于社区空间共享的幼儿园设计 朋友圈
单元体设计
3

从城市到建筑：建筑设计的多层级教学

东南大学建筑学院

课题强调的是建筑设计的城市思维，帮助学生从城市建成环境的角度来审视建筑：建筑设计是否呼应城市背景和场所环境？是否提升城市和场所的空间品质？

从城市到建筑的设计思维体现在课题设置的5个主题上。时间上，“场所”具有延续性，在城市中存续时间最长，因此，场所氛围是建筑设计的出发点和基石。“结构”“围合”“策划”和“材料”在城市中存续时间则依次递减。空间上，这5个主题表达人对从城市到建筑感知的渐进过程。“场所”是最先感知到的，其次是建筑的结构和围合，再次是建筑内部的组织和材料。5个主题分别训练，但每个主题都强调回到“场所”，在不同层级、内容和重点上回答场所提出的问题。

目的和要求

课题采用多层级教学，目的是为学生提供一个城市视角下建筑设计各层级的设计方法。学生不仅要了解建筑设计理论和实践的核心问题，也能获得具体的步骤化的设计指导，为学习打下坚实的设计基础：

1. 分解式教学

课题为学生提供了分阶段理解复杂设计问题、强化设计能力的清晰步骤，以及在项目设计阶段综合运用的设计训练。分主题教学能加强学生对设计时间的把控、对每个主题的理解深度，综合设计能加强学生的融会贯通和整体控制的能力。

2. 交互式学习

课题要求学生在阶段训练时互相交换场地，基于上一位学生的阶段成果进一步设计。这要求学生之间共享资料、充分交流、互相学习，并仅专注于当前的设计主题而非完整的设计。学生将在一个学期思考和学习不同主题下三个不同密度场地的回应方式，以此加深对城市环境的理解。

3. 模型式训练

除了要求学生将图纸作为建筑师基本语汇，课题着重强调了模型作为设计工具。模型操作既是推进设计的工具，也能直观反映呈现效果。不同的训练主题对应不同的模型比例和要求，帮助学生理解尺度——城市、建筑、空间、构件的关系。例如通过大比例模型，二年级学生能很快感受和掌握设计推敲带来的效果呈现。模型照片的拍摄不仅要真实地反映出物理模型的结构、材料、空间，同样也是一种空间氛围美学的创作。

从城市到建筑：建筑设计的多层级教学

“从城市到建筑”为大学二年级秋季学期的实验课题，要求学生完成面向未来的集合住宅设计。课题为分主题、分阶段的练习和综合设计相结合。二年级全年共五个主题：场所、结构、材料、策划、围护，秋季学期训练前三个主题及小综合设计，春季学期训练后两个及全年综合设计。

学期前 9 周为分阶段训练，学生分三组完成三块场地三个主题场所、结构、材料的设计训练，要求学生交换场地，以同学上一阶段设计为基础，共同完成设计项目。后周学生任选场地，独立完成综合三主题的完整设计。

周数	1—3 周			4—6 周			7—9 周			10—12 周	13—16 周
主题	场地			结构			材料			场地 + 结构 + 材料	
地块	A	B	C	A	B	C	A	B	C	A B C	
组 1	场地 A				场地 B 结构 A				场地 C 结构 B 材料 A	场地 结构 材料	场地 + 结构 + 材料
组 2		场地 B				场地 C 结构 B	场地 A 结构 C 材料 B			场地 结构 材料	场地 + 结构 + 材料
组 3			场地 C	场地 A 结构 C				场地 B 结构 A 材料 C		场地 结构 材料	场地 + 结构 + 材料

场地选择

场地 A：南京门西传统街区
地块面积：2367 ㎡
容积率：1.5

场地 B：南京瑞巷 80 年代住区
地块面积：10840 ㎡
容积率：2.0

场地 C：南京河西新城
地块面积：20537 ㎡
容积率：3.0

场所

内容：城市肌理相对于建筑本体有更为长久的持续性，建筑会在更新迭代中承袭和顺应所处环境的文脉。本次练习要求选取三个不同的城市结构中的真实地块，以不同尺度的“图 - 底”关系图，以及实体模型，呈现不同城市环境中的建筑体量关系，公共空间与私密空间的关系。

目标：“场所”练习旨在从城市肌理和场地环境的观察和思考出发，探索建筑的形体生成与城市空间、城市要素以及人的行为空间要素之间的互动关系。练习要求学生能敏锐感知城市基本结构因素，理解不同地块具不同密度和开放度，以强调城市与建筑的整体性。

结构

内容：结构包含了两层意义，一是物质性的承重结构，另一个是空间性的组织结构。从物质结构的思考出发定义建筑内部空间关系，是本次练习的重要内容。本次设计在练习一场地模型的基础上，加入结构的研究与设计，利用模型与照片，展现具有承重和空间划分的组织呈现。

目标：“结构”练习旨在从结构的静力学问题出发，讨论结构与空间之间的互动关系。其中相关内容包括：承重系统的选择、空间系统的组织以及空间与结构之间关联氛围。学生将掌握建筑的流线与入口，组织方式，流线与入口，承重结构的选择及原因，大跨度如何与小跨度相结合的方式，以及由此产生的空间品质等等。

材料

内容：设计要求从“材料性”的角度，重新思考基于场地与结构设计基础上空间氛围的营造。练习要求研究设计中使用材料的性能，结合案例进行分析。在设计中模拟真实材料，用 1:50 的模型展现三个室内场景，要求展现材料、光线及表皮整合下的空间体验的品质。

目标：“材料”对空间的材料性以及大比例模型的尝试，旨在增进学生对材料选择的准确性，判断不同材料对于空间感知的意义，以及材料的表面性能，材料属性对于光线引入的影响。同时，强化认知不同材料搭配产生整体氛围的具体方法，在与人紧密接触的室内空间创造宜人的环境范围。

场所 + 结构 + 材料

内容：作为上学期的最后一个练习，将前面三个主题练习“场所”、“结构”、及“材料”内容，作为一个整体浓缩在练习 4 中。练习要求利用练习 1-3 中掌握的技能，选取三个场地中任意一个场地，讨论场所与结构，结构与材料，以及场所、结构和材料的整体关联，处理不同场地中的复杂而综合问题。

目标：通过练习 4 的整合练习，将建筑中的各种重要要素进行整合考虑，学会有条不紊的工作方法和系统的思维方法，准确而系统的思考建筑中涉及的不同维度的问题和相互之间的关系，较为系统的认知和了解建筑设计中各种需要考虑和掌握的知识和设计方法。

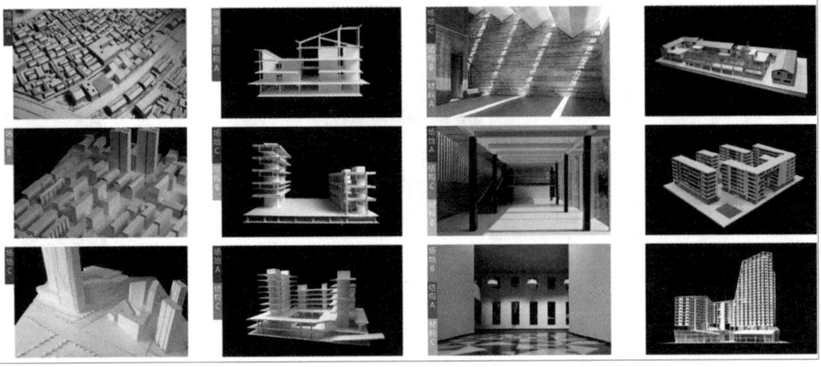

从城市到建筑

课题强调的是建筑设计的城市思维，帮助学生从城市建筑环境的角度来审视建筑：建筑设计是否
呼应城市背景和场所环境；
提升城市和场所的空间品质。

从城市到建筑的设计思维体现在课题设置的五个主题上：时间上，“场所”具有延续性，在城市中存续时间最长，因此，场所氛围是建筑设计的出发点和基石。“结构”、“围护”、“策划”和“材料”在城市中存续时间则依次递减。空间上，这五个主题表达人对从城市到建筑感知的渐进过程。“场所”是最先感知到的，其次是建筑的结构和围护，再次是建筑内部的组织和材料。五个主题分別训练，每个主题都强调回到“场所”，在不同层级、内容和视点上回答场所提出的问题。

多层级教学

课题的目的是为学生提供一个城市视角下建筑设计各层级的设计方法。学生不仅要了解建筑设计理论和实践的核心问题，也能获得具体的步骤化的设计指导，为学习打下坚实的设计基础：

分解式教学

课题为学生提供了分阶段理解复杂设计问题、强化设计能力的清晰步骤，及在项目设计阶段综合运用的设计训练。分主题教学能加强学生对设计时间的把控，对每个主题的理解深度，综合设计能加强学生的融会贯通和整体控制的能力。

交互式学习

课题要求学生在阶段训练时互相交换场地，基于上一位学生的阶段成果进一步设计，这要求学生之间共享资料、充分交流、互相学习，并仅专注于当前的设计主题而非完整的设计。学生将在一个学期思考和学习不同主题下三个不同密度场地的回应方式，以此加深对城市环境的理解。

模型式训练

除了要求学生将图纸作为建筑师基本语汇，课题着重强调了模型作为设计工具。模型操作既是推进设计的工具也能直观反映呈现效果。不同的训练主题对应不同的模型比例和要求，帮助学生理解尺度——城市、建筑、空间、构件的关系。例如通过大比例模型，二年级学生能很快感受和掌握设计推敲带来的效果呈现。模型照片的拍摄不仅要真实地反映出物理模型的结构、材料、空间，也是一种空间氛围美学的创作。

第一学期

场所

小组合作
1. 基地图纸绘制以及 1：500 基地模型制作

独立完成
2. 底层平面图 1：500，包括城市空间、周边道路和底层空间开口
3. 照片蒙太奇，利用模型照片和场地照片表现新建建筑与场地的关系
4. 建筑体量模型 1:500
5. 文字说明

结构

独立完成
1. 底层平面和横剖面 1:200/1:250
2. 建筑结构剖面模型 1:50
3. 三张模型内部照片
4. 文字说明

材料

独立完成
1. 底层平面和剖面 1:500，需要关注室内与室外的关系
2. 模型 1:20 或 1:30，模拟真实材料
3. 三张模型内部照片，需要关注材料、光线及表皮肌理
4. 材料及氛围参考案例图片
5. 文字说明材料选择理由

综合 1

小组合作
1. 基地图纸绘制以及 1：500 基地模型制作

独立完成
2. 底层平面 1：500 及标准层平面 1:200/1:250
3. 代表性立面和剖面 1:200/1:250
4. 建筑体量模型 1:500
5. 建筑及局部剖面模型 1:100/1:200
6. 分别表现项目与场地关系以及空间材料性的模型照片及文字说明

第二学期

策划

独立完成
1. 模型 1:100
2. 三个代表性楼层的模型照片
3. 模型剖面照片，以及模型体量照片
4. 面积指标计算及统计表
5. 文字说明

围护

独立完成
1. 区域平面图 1：1000
2. 新建筑代表性表皮剖面图 1:75，既有建筑代表性表皮剖面图 1:75
3. 新建筑表皮设计照片蒙太奇 1:75，包括相邻既有建筑
4. 代表性街道立面图 1:200/1:250
5. 表皮模型 1:20 或 1:30，表现所有相关要素
6. 三张模型照片，关注内部空间、入口和细节
7. 文字说明

综合 2

小组合作
1. 基地图纸绘制以及 1：500 基地模型制作

独立完成
2. 底层平面 1：500 及标准层平面 1:200/1:250
3. 代表性立面和剖面 1:200/1:250
4. 建筑体量模型 1:500
5. 建筑及局部剖面模型 1:100/1:200
6. 提供分别表现项目与场地关系以及空间材料性的模型照片
7. 文字说明，面积指标统计表

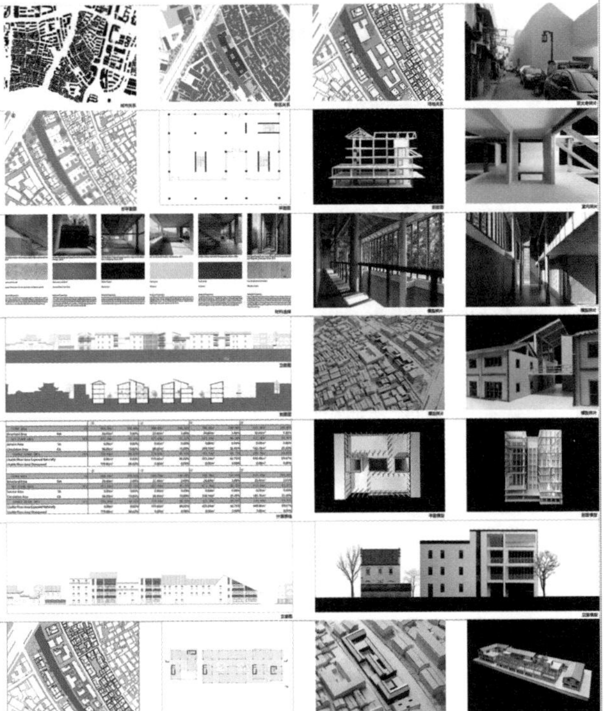

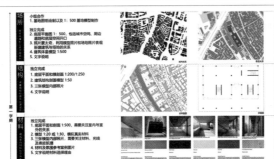

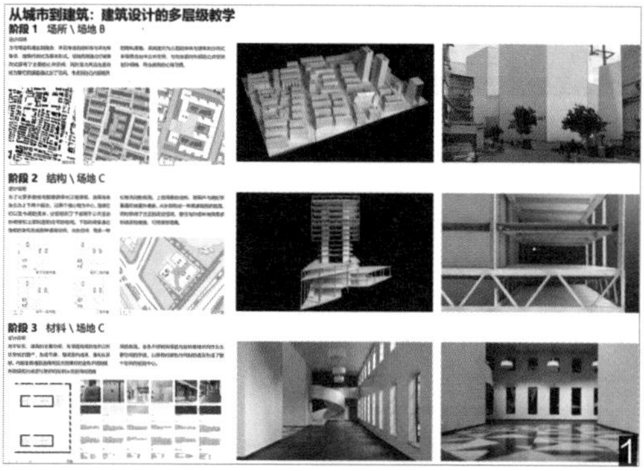

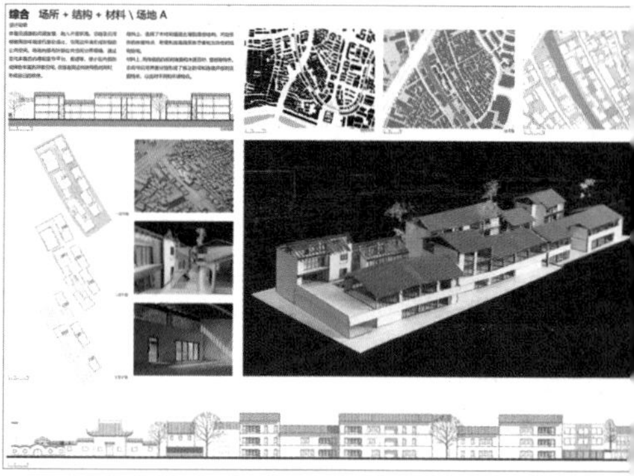

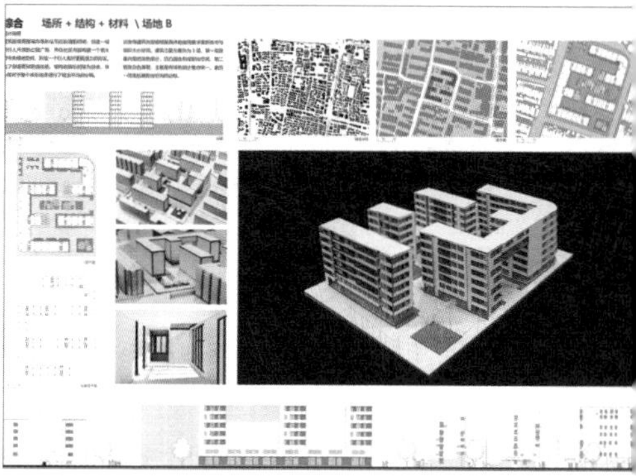

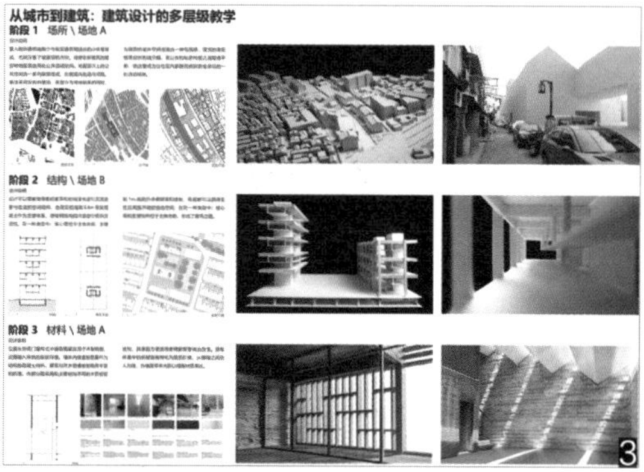

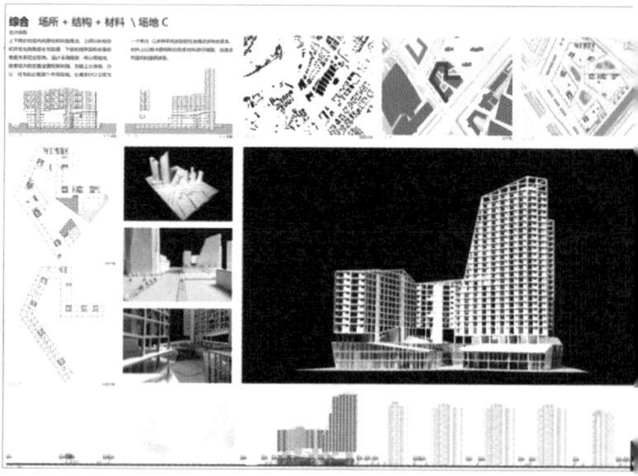

优秀作业 1：从城市到建筑：建筑设计的多层级教学 设计者：赖兴澜

优秀作业 2：从城市到建筑：建筑设计的多层级教学 设计者：殷烨

优秀作业 3：从城市到建筑：建筑设计的多层级教学 设计者：刘宇飞

编撰 / 主持此教案的教师姓名：朱渊

参与教师姓名：郭药、黄旭升、Eberle(特邀指导)

基于4C能力培养的建筑设计教学——二年级设计课程教案

武汉大学城市设计学院

1. 教学理念

基于4C能力培养的建筑设计教学强调拓展学生的思维能力，同时将语言思维方式，提升到图形、空间、时间的多维思维方式。将各种需求通过转译体系，以高效的图形、空间思维处理能力去分析、解决问题。

建筑学不等于建筑行业，它从一开始就不是一个学科，而是包含文理艺工的跨学科集群。近20年设计学、规划学、经济管理学、新闻传播学、社会学大量吸取了原本建筑学的思维方式，而建筑学最具综合性，是基础素质训练的最优选择。建筑学不应只培养建筑行业人才，低年级建筑学课程体系应更具有开放性。

2. 教学架构

我们采用“一轴两翼三阶段”的教学架构，来支持基于4C教学理念的建筑设计训练。“两翼”中人文轴包含管理学、传媒学等课程，对应需求研究与设计传达，技术轴包含数字计算机技术、绿色技术等课程；“一轴”主干包含设计学、语言学、符号学、图形学、空间数学等课程。五年培养计划被划分为“三阶段”：一年级为宽口径的素质教育，二三年级专题化，大四五市场化。所有其他课程，也都链接并且匹配于这个体系。

第一阶段的一年级，着重培养学生的设计思维能力(Design Thinking),从观察、思考、表达三个方面，也就是对应于发现问题、解决问题、阐述方案。教学内容不限于房子(building)的设计，也包含产品设计、工业设计等训练方法。一年级的基础教育以横向打通的方式进行，除规划和建筑系合并上课外，同时与设计系(产品设计、工业设计)专业形成共同的设计课题，鼓励学生进行跨学科大设计的思考方式。

第二阶段的二三年级，开始基于建筑模式的深入逻辑思维训练。使用自编《超越设计的设计》课本，在总的教学体系中，继续细化横纵两轴。横轴细化为5个阶段的设计节点的过程控制；纵轴细化为二年级安排3~4个基于基地较为小型或单一条件的设计任务；三年级安排3~4个基于特殊地形、特定文脉条件的更为复杂的设计任务。

第三阶段的四五年级，引入与创新型企业的合作，聘请企业高水平管理者、设计师参与教学活动。学生除建筑设计技术的深化之外，还需了解社会的经济运行规则、建筑设计企业的组织管理，理解不同行业的组织管理模型，从管理角度认识社会。毕业设计课题积极与新传、经管、艺术等学院进行跨学科的联合设计。

3. 教学任务书

在纵向时间轴上，二年级的课程安排4个课题：小住宅、游客码头、活动中心、青年公寓。从学生比较熟悉限定基地的小型建筑（居住空间）开始，到自然环境下的小型公建，再到街区环境下的小型公建，再到小型混合功能建筑。逐次形成循环和递进，以期在熟悉流程的基础上，加深基于图形转译的设计思维能力，及以空间组织的方式解决问题的能力。

在横向知识轴上，二年级强化图形分析与空间组织能力的训练，从一维语言文字思考，到二维图形思考，到三维空间转换，再到四维时间序列组织，共4个部分。

优秀作业 1：“星云”——小住宅 +X 设计 设计者：叶崴

优秀作业 2：星月之约”——东湖游客中心设计 设计者：郑玙璠

优秀作业 3：“X 空间”——大学生活动中心设计 设计者：赵梦静、王钰涵

编撰 / 主持此教案的教师姓名：邵宁

参与教师姓名：李欣

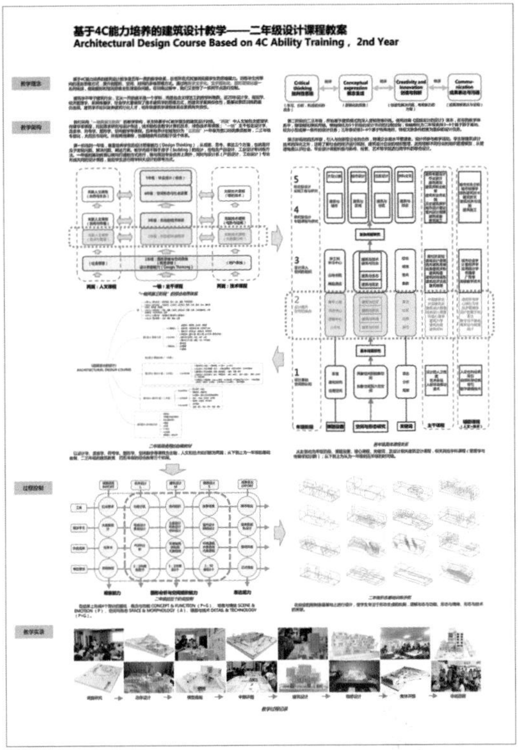
基于4C能力培养的建筑设计教学——二年级设计课程教案
Architectural Design Course Based on 4C Ability Training， 2nd Year

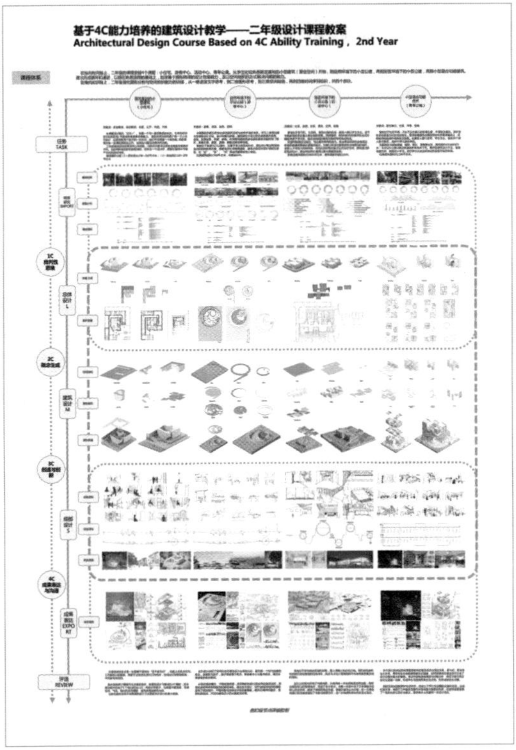
基于4C能力培养的建筑设计教学——二年级设计课程教案
Architectural Design Course Based on 4C Ability Training， 2nd Year

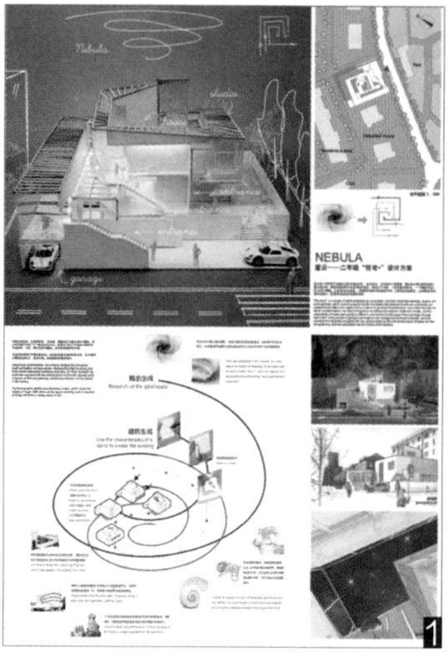
NEBULA
1

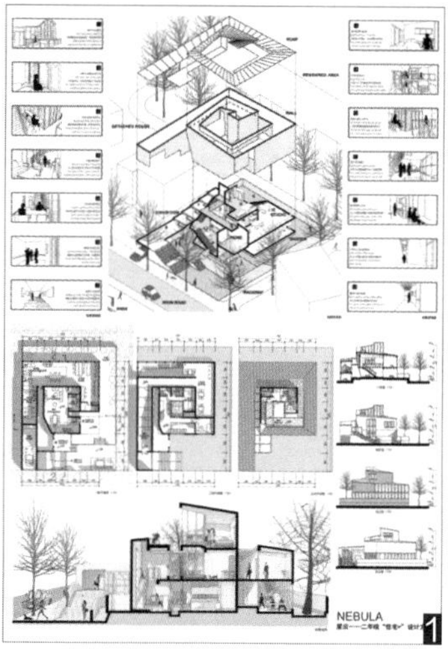
NEBULA
1

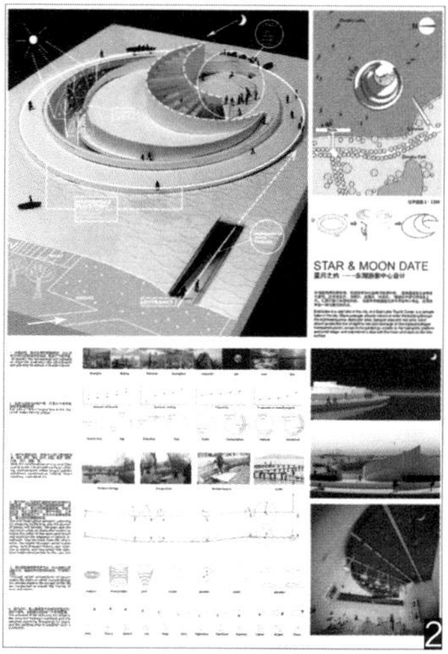
STAR & MOON DATE
2

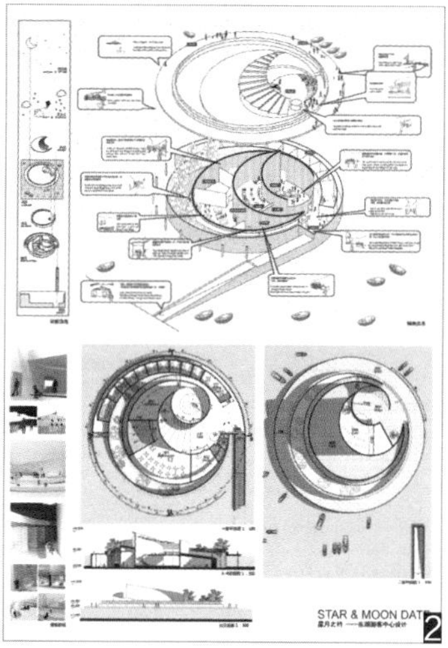
STAR & MOON DATE
2

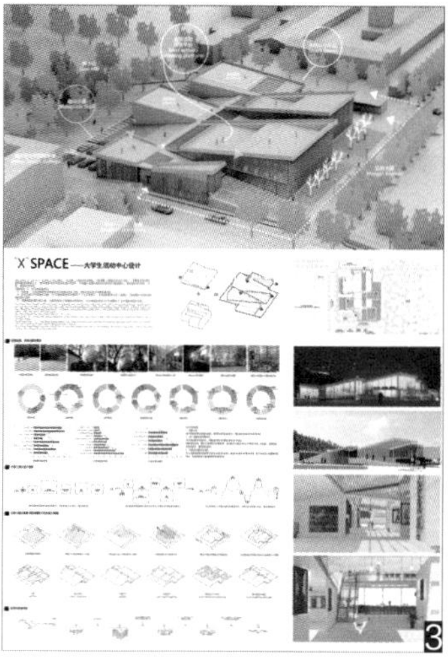
X SPACE
3

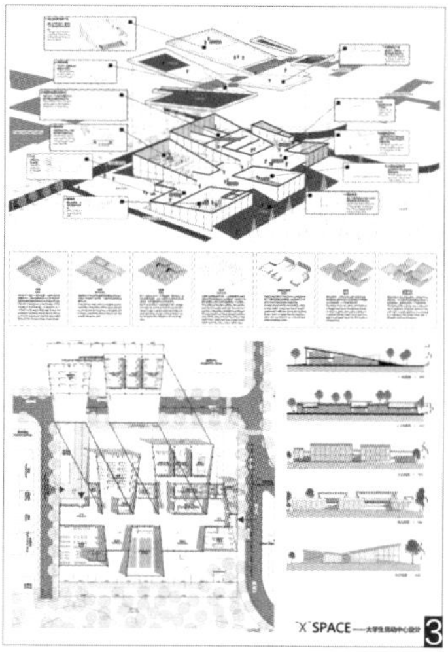
X SPACE
3

空间与行为模块——从“空间支持行为”出发的中小型公共建筑空间设计

扫码点击“立即阅读”，
浏览线上图片

浙江工业大学建筑工程学院

本课题作为二年级基础的建筑设计培养，主要引导学生以解决问题为首要，以逻辑推导为原则，以明晰方案生成的前因后果为核心，通过从“行为发生→场所空间需求→空间尺度→功能布局→方案生成”的设计推导过程，着重培养学生以下设计能力：

1. 培养从环境、建筑功能及与生活内容相对应的视点出发，寻求设计任务的核心问题，进行初始任务书的分析与策划的能力培养；

2. 培养现场观察，分析现场环境，培养案例等资料收集、整理、活用的能力；

3. 培养基本制图及利用草图和模型表达设计及交流，并总结自我思考内容的能力；

4. 培养团队合作及互助的能力。

在整个教学过程中，利用直观的木块草模教具与草图相结合的方案推理方法，极大地提高了学生的学习兴趣与学习效率，改变了建筑设计抽象的印象，取得了师生皆满意的教学成果。

优秀作业 1：空间与行为 · 杭州杨梅山路幼儿园设计——芽 设计者：周恬、曾婉怡
优秀作业 2：空间与行为 · 杭州杨梅山路幼儿园设计——伸展 设计者：张嘉珉、陈雯

编撰 / 主持此教案的教师姓名：侯宇峰
参与教师姓名：侯宇峰

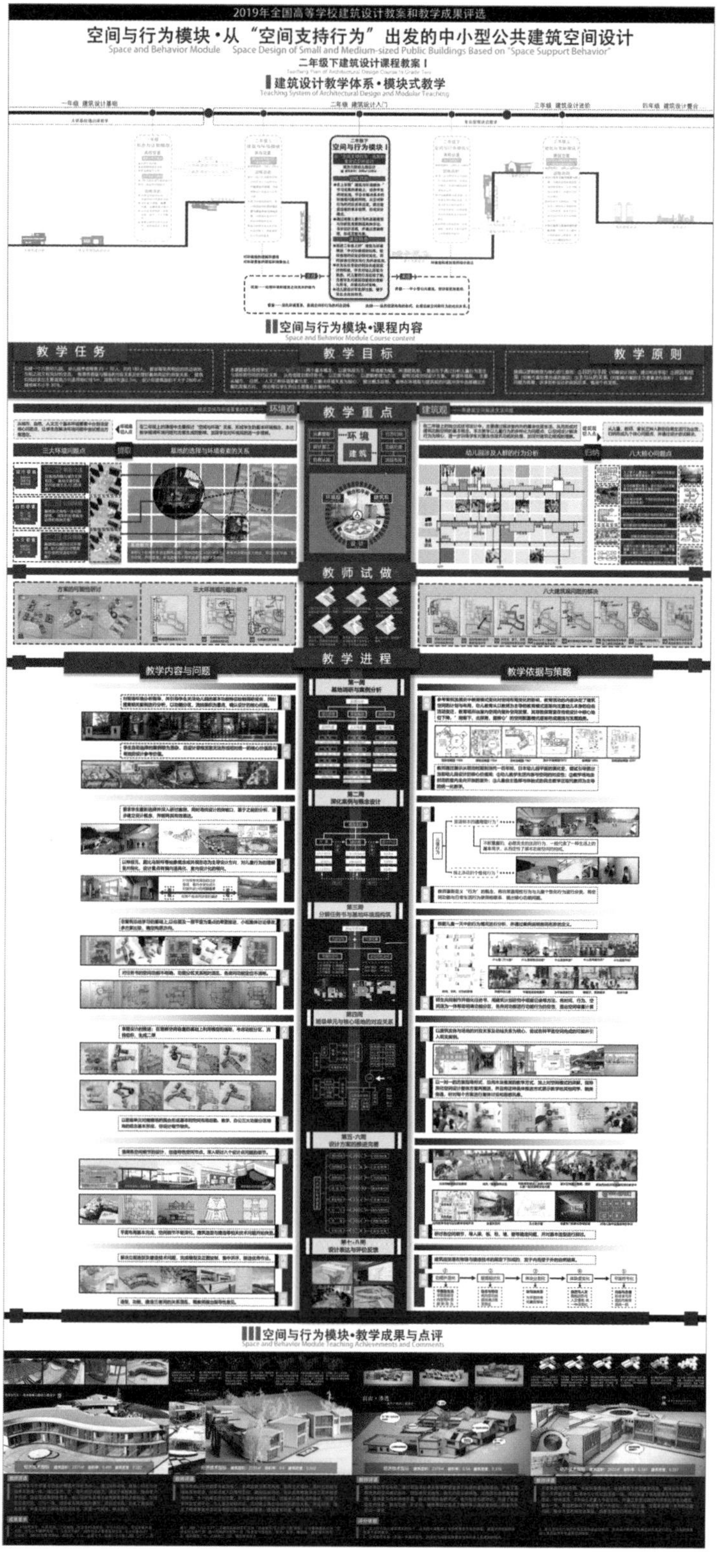
2019年全国高等学校建筑设计教案和教学成果评选
空间与行为模块·从"空间支持行为"出发的中小型公共建筑空间设计
Space and Behavior Module　Space Design of Small and Medium-sized Public Buildings Based on "Space Support Behavior"
二年级下建筑设计课程教案Ⅰ
Ⅰ建筑设计教学体系·模块式教学
Teaching System of Architectural Design and Modular Teaching
一年级 建筑设计基础
二年级 建筑设计入门
三年级 建筑设计进阶
四年级 建筑设计整合
Ⅱ空间与行为模块·课程内容
Space and Behavior Module Course content
教学任务
教学目标
教学原则
教学重点
环境观
建筑观
环境
建筑
三大环境问题点
基地的选择与环境要素的关系
幼儿园游及人群的行为分析
八大核心问题点
教师试做
方案的可能性研讨
三大环境问题的解决
八大建筑问题的解决
教学进程
教学内容与问题
教学依据与策略
第一周
基地调研与案例分析
第二周
深化案例与概念设计
第三周
分解任务书与基地环境结构
第四周
班级单元与核心场地的对应关系
第五-六周
设计方案的推进完善
第七-八周
设计表达与评价反馈
Ⅲ空间与行为模块·教学成果与点评
Space and Behavior Module Teaching Achievements and Comments

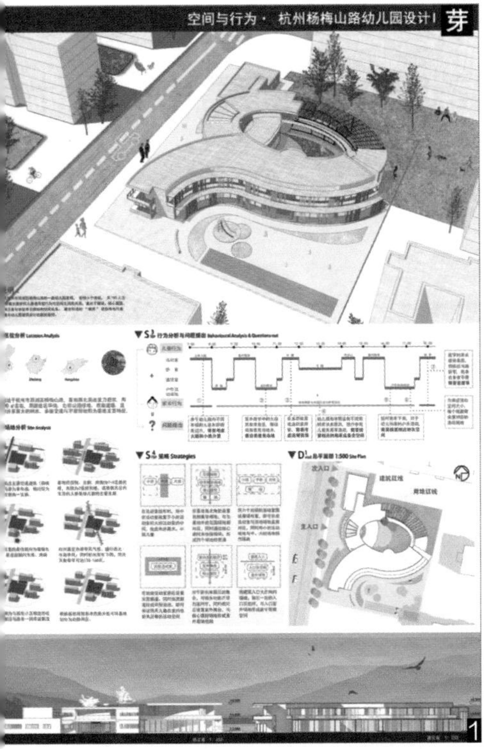
空间与行为 · 杭州杨梅山路幼儿园设计 I
芽
S 行为分析与问题推理 Behavioural Analysis & Questions-out
S 策略 Strategies
D 总平面图 1:500 Site Plan
1

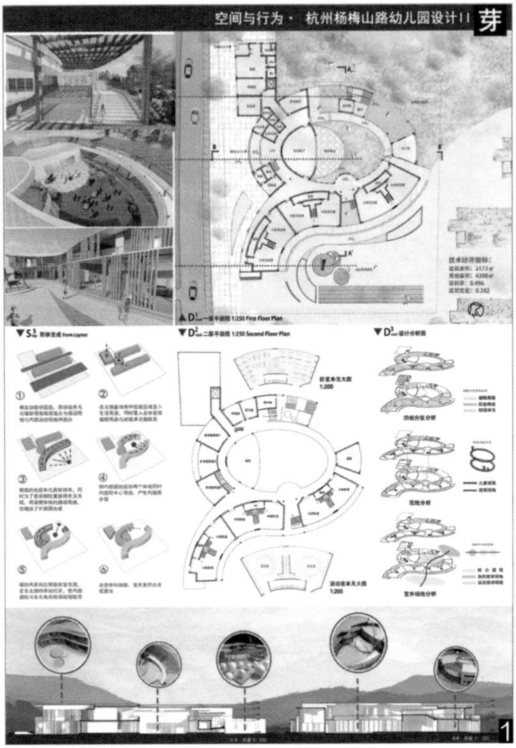
空间与行为 · 杭州杨梅山路幼儿园设计 II
芽
D 一层平面图 1:250 First Floor Plan
S 形体生成 Form Layout
D 二层平面图 1:250 Second Floor Plan
D 设计分析图
技术经济指标
1

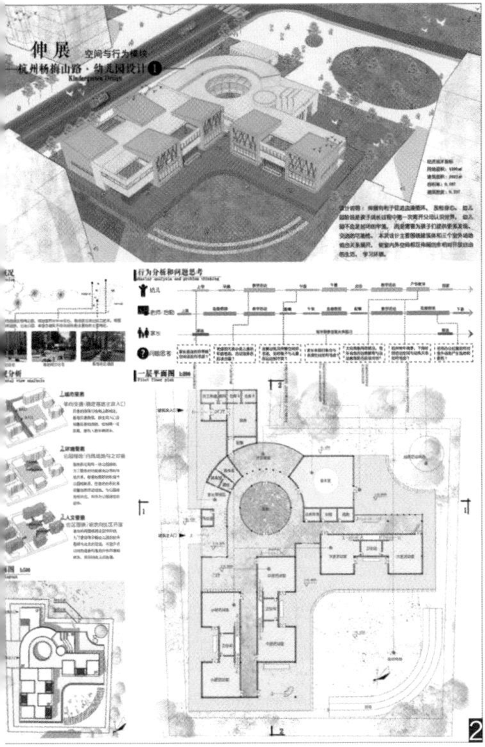
伸展
空间与行为模块
杭州杨梅山路·幼儿园设计
Kindergarten Design
行为分析和问题思考
一层平面图 1:200
2

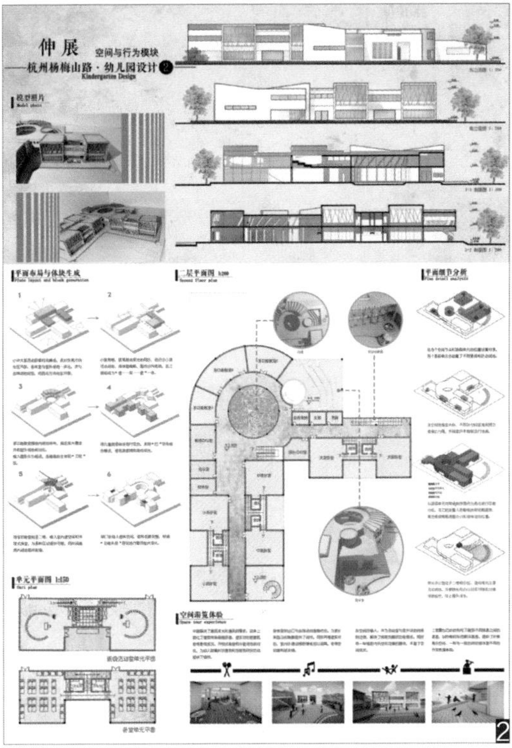
伸展
空间与行为模块
杭州杨梅山路·幼儿园设计
Kindergarten Design
模型照片
平面布局与体块生成
二层平面图 1:200
平面细节分析
单元平面图 1:50
空间游览体验
2

记忆重构——基于氛围营造的乡村游客中心设计

天津大学建筑学院

扫码点击“立即阅读”，
浏览线上图片

从场地自然要素、地域材料、民俗文化等方面出发，通过对现实进行陌生化处理，对乡村的空间进行记忆重构，以此完成乡村游客中心的功能训练。

采用模仿氛围、暗示以及拼贴等设计手段。材料性和空间结构是类比的建筑媒介，也是本次训练的主题，记忆是本次设计的主线。

优秀作业 1：坂——坡道上的游客中心设计 设计者：顾家溪、穆荣轩
优秀作业 2：动影——乡村游客中心设计 设计者：索蔓、楚田竹
优秀作业 3：Change of The Stones（基于一堵材质变换墙）——游客中心设计
设计者：王国政、孙琦

编撰 / 主持此教案的教师姓名：孙德龙、郑越
参与教师姓名：孙德龙、郑越、张昕楠

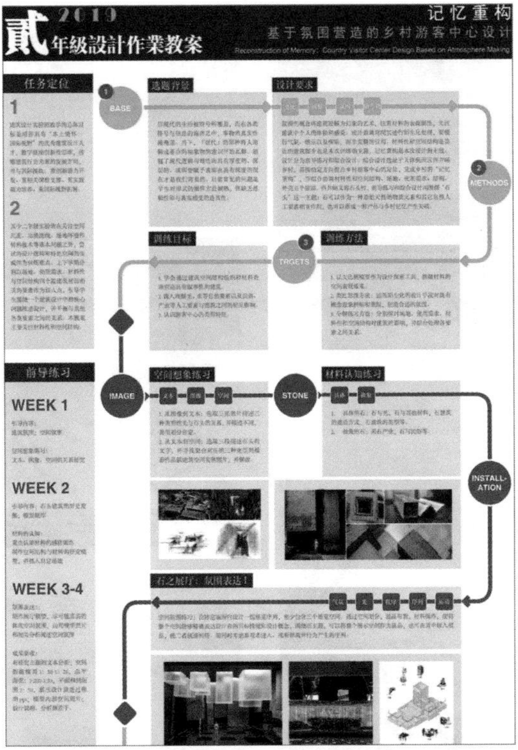
贰 2019
年级設計作業教案
记忆重构
基于氛围营造的乡村游客中心设计
Reconstruction of Memory: Country Visitor Center Design Based on Atmosphere Making
任务定位
1
2
BASE
选题背景
设计要求
METHODS
训练目标
TRGETS
训练方法
前导练习
WEEK 1
IMAGE
空间想象练习
STONE
材料认知练习
INSTALL-
ATION
WEEK 2
石之展厅：氛围表达Ⅰ
WEEK 3-4

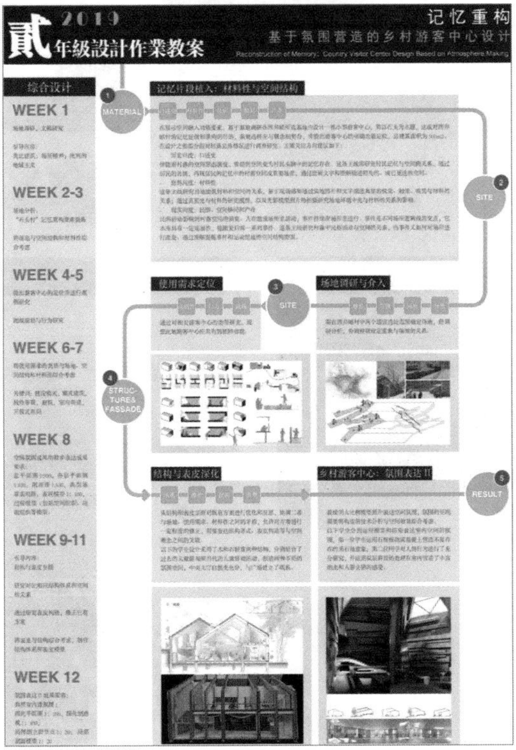
贰 2019
年级設計作業教案
记忆重构
基于氛围营造的乡村游客中心设计
Reconstruction of Memory: Country Visitor Center Design Based on Atmosphere Making
综合设计
WEEK 1
MATERIAL
记忆片段植入：材料性与空间结构
WEEK 2-3
SITE
WEEK 4-5
使用需求定位
SITE
场地调研与介入
WEEK 6-7
STRUC-
TURES
FASSADE
WEEK 8
结构与表皮深化
乡村游客中心：氛围表达Ⅱ
RESULT
WEEK 9-11
WEEK 12

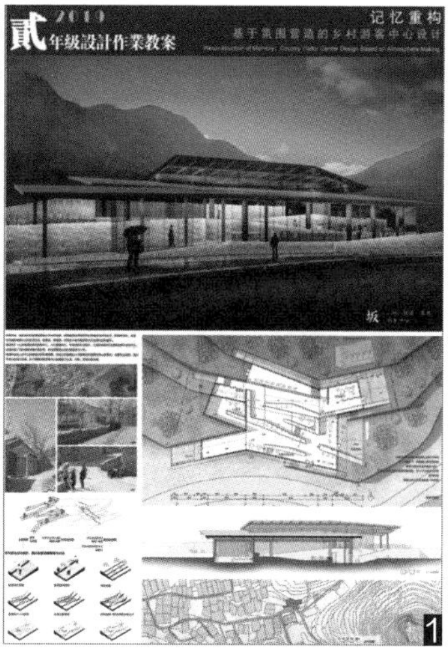
贰 2019
年级設計作業教案
记忆重构
基于氛围营造的乡村游客中心设计
Reconstruction of Memory: Country Visitor Center Design Based on Atmosphere Making
坂
1

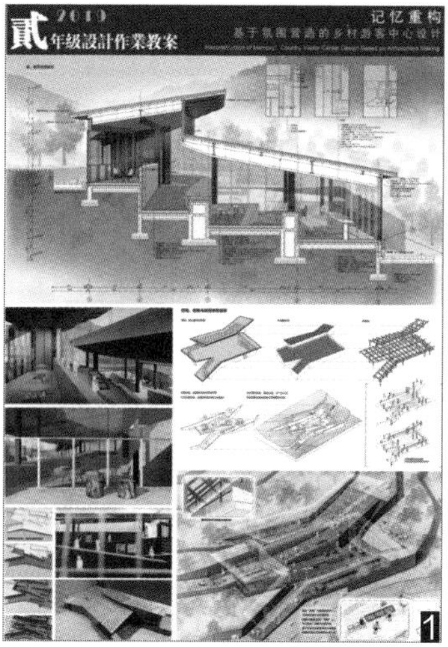
贰 2019
年级設計作業教案
记忆重构
基于氛围营造的乡村游客中心设计
Reconstruction of Memory: Country Visitor Center Design Based on Atmosphere Making
1

贰 2019
年级設計作業教案
记忆重构
基于氛围营造的乡村游客中心设计
Reconstruction of Memory: Country Visitor Center Design Based on Atmosphere Making
动影
乡村游客中心
2

贰 2019
年级設計作業教案
记忆重构
基于氛围营造的乡村游客中心设计
Reconstruction of Memory: Country Visitor Center Design Based on Atmosphere Making
动影
乡村游客中心
2

贰 2019
年级設計作業教案
记忆重构
基于氛围营造的乡村游客中心设计
Reconstruction of Memory: Country Visitor Center Design Based on Atmosphere Making
CHANGES OF THE STONES
3

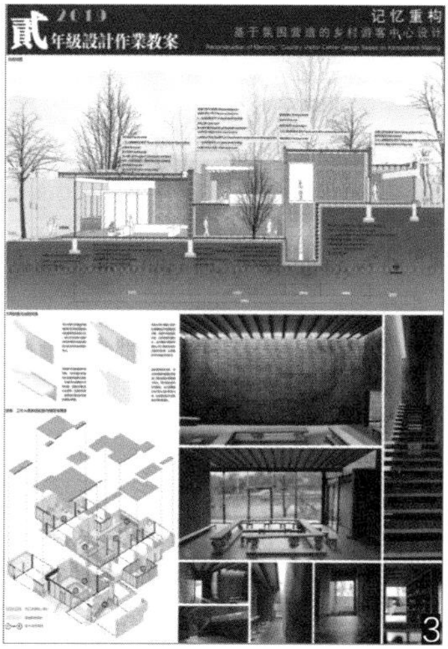
贰 2019
年级設計作業教案
记忆重构
基于氛围营造的乡村游客中心设计
Reconstruction of Memory: Country Visitor Center Design Based on Atmosphere Making
3

图书在版编目（CIP）数据

2019全国建筑院系建筑学优秀教案集 / 教育部高等学校建筑学专业教学指导分委员会编 . — 北京：中国建筑工业出版社，2020.11
ISBN 978-7-112-25511-5

Ⅰ . ①2… Ⅱ . ①教… Ⅲ . ①建筑学—教案（教育）—高等学校 Ⅳ . ① TU-42

中国版本图书馆 CIP 数据核字 (2020) 第 185438 号

责任编辑：徐　纺　滕云飞
美术编辑：朱怡勰
责任校对：王　烨

2019全国建筑院系建筑学优秀教案集

教育部高等学校建筑学专业教学指导分委员会　编

*

中国建筑工业出版社出版、发行（北京海淀三里河路9号）
各地新华书店、建筑书店经销
临西县阅读时光印刷有限公司印刷

*

开本：889毫米×1194毫米　1/24　印张：5½　字数：156千字
2021年3月第一版　2021年3月第一次印刷
定价：78.00元（含增值服务）
ISBN 978-7-112-25511-5
(36490)